초등 생활을 위한

엄마표
초등통합
교과놀이

자신만만 초등생활을 위한

엄마표 초등통합 교과놀이

류지원 지음

미술&
만들기
4~8세

예문아카이브

머리말

큰 아이가 막 5살이 되던 해였습니다.

유난히 자동차를 좋아하던 아이는

축소 모형 자동차를 자주 가지고 놀았는데요.

어느 날은 종이에다 글자 비슷한 것을 그리더니... 잘라서 붙이기도 하고 저에게 자동차 이름을 작은 종이에 적어 달라고 해 모형 자동차에 붙이기도 하는 거예요. 그동안 학습 보다는 바깥놀이를 많이 하는 유치원에 보냈던 터라 한글이나 영어를 배워올 기회가 없었을 텐데 왜 그런 행동을 할까 싶어 아이의 행동을 눈여겨 봤어요. 며칠 관찰해보니 아이가 글자를 알고 싶어 하는 눈치였어요. 그래서 아이에게 한글을 가르쳐보기로 마음을 먹었답니다. 결과는 엄마가 가르치는 속도보다 더 빨리, 더 많이 알고 싶어 했어요. 그 때 저는 아이만의 적당한 시기가 있다는 것을 깨달았습니다. 아이가 알고 싶어 하는 시기에 가르칠 때 그 효과가 두 배, 세 배가 된다는 것을 말이지요.

저는 아이의 다양한 관심사를 가장 잘 이해하고

함께 해줄 수 있는 사람은 아빠, 엄마라는 생각을

항상 해왔습니다. 지금도 그 생각에는 변함이 없고요.

그래서 아이를 사교육기관에 보내기보다는 아이가 관심 있어 하는 것을 그때그때 책이나 교구, 놀잇감, 여행 등을 통해서 확장해주었습니다. 책을 읽고 아이가 흥미 있어 할만한 미술놀이, 책 만들기, 과학놀이, 요리활동 등으로 독후 활동을 해주었더니 아이들도 엄마와의 활동을 즐겁게 함께 해주었답니다. 이런 독후 활동을 초등 2~3학년까지 해주었던 것 같아요. 초등입학 후에도 학원을 보내기보다는 아이들이 책을 읽고 자유 시간을 보낼 수 있게 해주었고 학교에서 진행되는 방과 후를 적극 활용해 아이가 집에서 많은 시간을 보낼 수 있게 해주었어요.

우리 아이들 초등학교 입학하던 때가 생각나네요! 입학식 전 처음으로 예비 소집일에 두근두근하는 마음을 안고, 아이가 다닐 초등학교에 갔던 기억이 납니다. 학교라는 곳에 가서 우리 아이가 과연 잘 해낼까? 맘 졸이며 수업을 마치기만을 기다렸었지요. 돌이켜보면 아이는 생각보다 훨씬 잘 해내고 단단한데, 엄마가 괜히 사서 걱정을 한 것 같아요.

초등학교 교과서는 최근 몇 년 동안 여러 번 개정되었습니다.
가장 큰 변화가 바로 '통합교과'입니다.
2013년부터는 '통합'과 '융합'이 부각되며 어떤 주제에 대해서
다양한 방법으로 접근하는 방식으로 교과서가 개정되었습니다.

그래서 새로 생긴 초등 1, 2학년 교과서가 '봄, 여름, 가을, 겨울'입니다. 통합교과서에서 다루고 있는 주제는 유치원의 누리과정과 연계되어 유치원에서 배운 주제들이 초등학교까지 이어지게 돼요. 큰 아이가 입학하던 해에 교과서가 개정되어서 처음으로 통합교과라는 과목이 생겼는데요. 처음 배우는 통합교과에 당황하지 않도록 통합교과서에서 다루고 있는 주제들로 놀이를 많이 해주었습니다. 유치원과 학교에서 배우게 되는 주제들을 놀이로 확장해주니 즐거움도 2배, 학습 효과도 배가 되었답니다.

이 책은 초등학교 입학을 앞둔 4세에서 7세의 아이들과 학교에 막 입학한 아이들이 하면 좋을, 통합교과와 연계된 놀이들을 다양하게 수록하였습니다. 우리 아이들이 저와 함께 놀이하며 학교생활을 씩씩하게 잘 해 나갔던 것처럼 다른 분들도 이 책의 도움을 받아 아이들이 학교생활을 잘 해 나가는 데 보탬이 되었으면 하는 바람에서 이 책을 펴냅니다.

저자 류지원

교과연계

놀이와 연계된 초등학교 교과목과 해당 단원을 알려줘요. 하나의 놀이에 하나의 과목만 관련되어 있지 않고, 여러 개의 교과가 연계되어 있다는 것을 알 수 있어요. 교과목과 단원명을 통해 어떤 내용을 담고 있을지 유추해 보세요.

준비물

창의력과 사고력을 키우기 위한 엄마표 교과놀이를 하기 위해 필요한 준비물을 소개해요. 집에 없는 준비물이 있다면 다른 비슷한 물건으로 대신해도 좋아요.

놀이 전 초등교과 알고가기

초등학교에 가면 어떤 것들을 배우게 되는지, 미리 준비해두면 좋은 내용을 간단하게 설명했어요. 엄마와 함께 차근차근 준비해 재미있는 초등생활을 즐겨 보세요.

놀이로 쉽게 이끄는 엄마표 한마디

놀이를 시작하기 전에 아이의 호기심을 유발하고 흥미를 돋우기 위해 엄마가 아이에게 하면 좋을 질문을 소개해요. 엄마는 아이의 성향을 파악해 아이가 흥미를 보일만한 이야기를 통해 놀이로 자연스럽게 이끌어주세요.

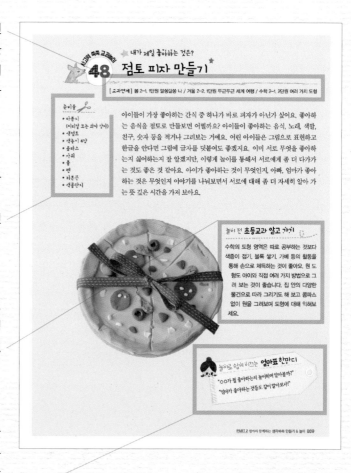

함께 놀아보아요

교과와 연계된 엄마표 놀이 방법을 따라 만들고 그리며 즐거운 시간을 가져보세요. 엄마는 위험한 도구를 사용하는 과정만 대신해주고 나머지는 아이가 직접 할 수 있도록 옆에서 지켜봐주세요.

이렇게 활용할 수 있어요

아이와 직접 만들고 그린 작품을 활용해 할 수 있는 놀이를 소개해요. 다양한 놀이를 알려주지만 더 재미있는 놀이 방법이 있거나 아이가 하고 싶어하는 놀이가 있다면 변경해 놀이를 해도 좋아요. 놀이에는 정답이 없답니다.

플러스 활동

주제와 관련한 또 다른 놀이를 소개해요. 주제는 하나지만 다양하게 놀이를 해 볼 수 있다는 것을 알려줘요.

검색어

놀이 과정 중 필요한 자료들을 포털사이트나 블로그에서 검색해 볼 수 있도록 검색어를 표시했어요. '블로그'가 표시된 검색어는 저자의 블로그(blog.naver.com/ryu2306)에서 검색하면 놀이와 관련된 내용을 확인할 수 있답니다.

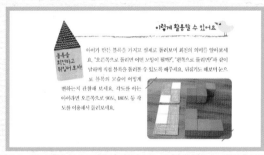

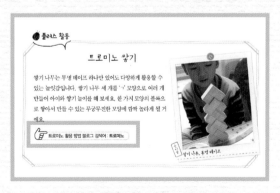

PART 02.
엄마와 함께하는
생각쑥쑥 만들기&놀이

기본 종이접기

PART 1, 2의 꾸미기 및 만들기 과정에서 필요한 종이접기의 기본 접기방법을 소개합니다. 엄마와 함께 따라 접어 보면서 기초를 익혀둔다면 실제 놀이에서 어렵지 않게 작품을 완성할 수 있을 거예요.

아이스크림 접기

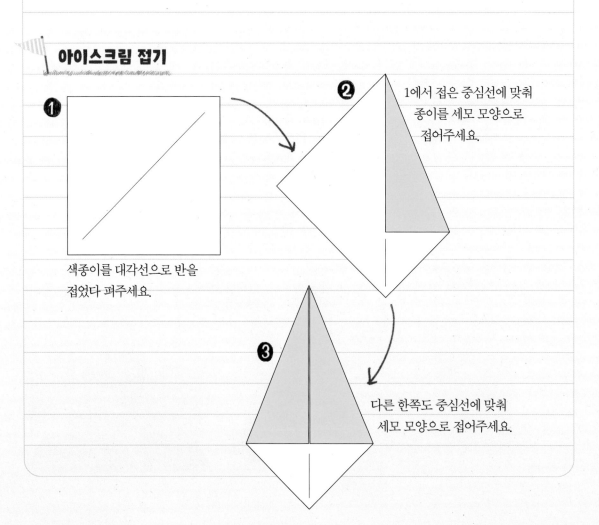

❶ 색종이를 대각선으로 반을 접었다 펴주세요.

❷ 1에서 접은 중심선에 맞춰 종이를 세모 모양으로 접어주세요.

❸ 다른 한쪽도 중심선에 맞춰 세모 모양으로 접어주세요.

아코디언 접기

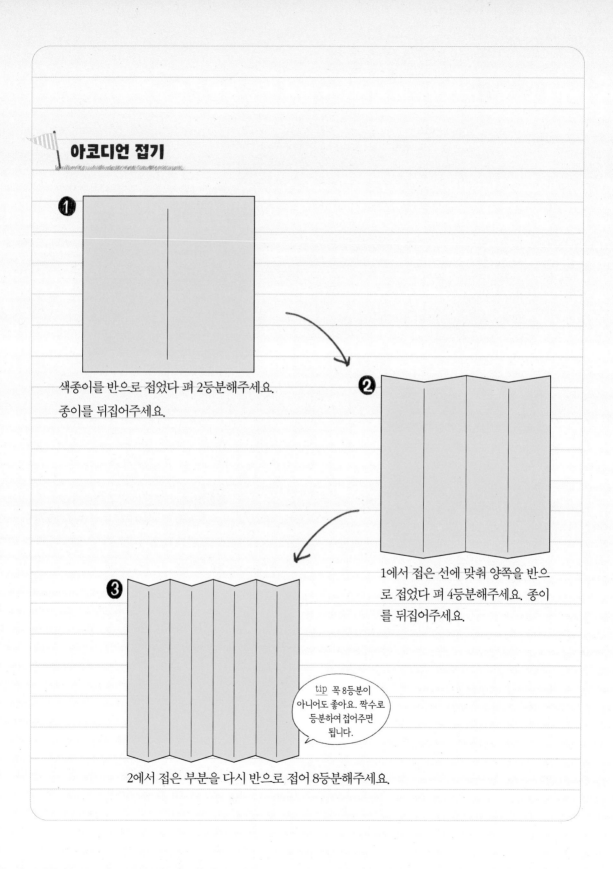

❶ 색종이를 반으로 접었다 펴 2등분해주세요. 종이를 뒤집어주세요.

❷ 1에서 접은 선에 맞춰 양쪽을 반으로 접었다 펴 4등분해주세요. 종이를 뒤집어주세요.

❸ 2에서 접은 부분을 다시 반으로 접어 8등분해주세요.

tip 꼭 8등분이 아니어도 좋아요. 짝수로 등분하여 접어주면 됩니다.

물방울 접기

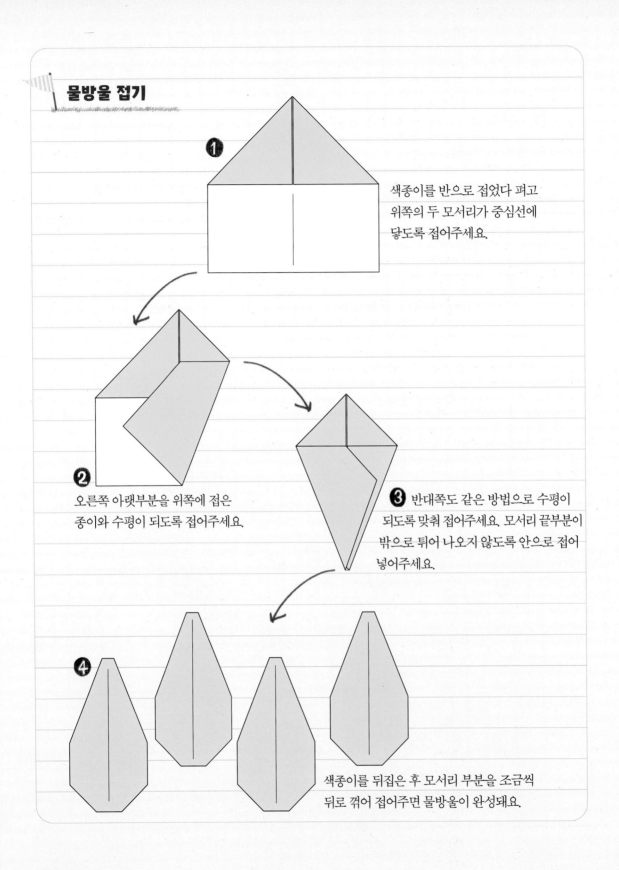

❶ 색종이를 반으로 접었다 펴고 위쪽의 두 모서리가 중심선에 닿도록 접어주세요.

❷ 오른쪽 아랫부분을 위쪽에 접은 종이와 수평이 되도록 접어주세요.

❸ 반대쪽도 같은 방법으로 수평이 되도록 맞춰 접어주세요. 모서리 끝부분이 밖으로 튀어 나오지 않도록 안으로 접어 넣어주세요.

❹ 색종이를 뒤집은 후 모서리 부분을 조금씩 뒤로 꺾어 접어주면 물방울이 완성돼요.

쪽 책 접기

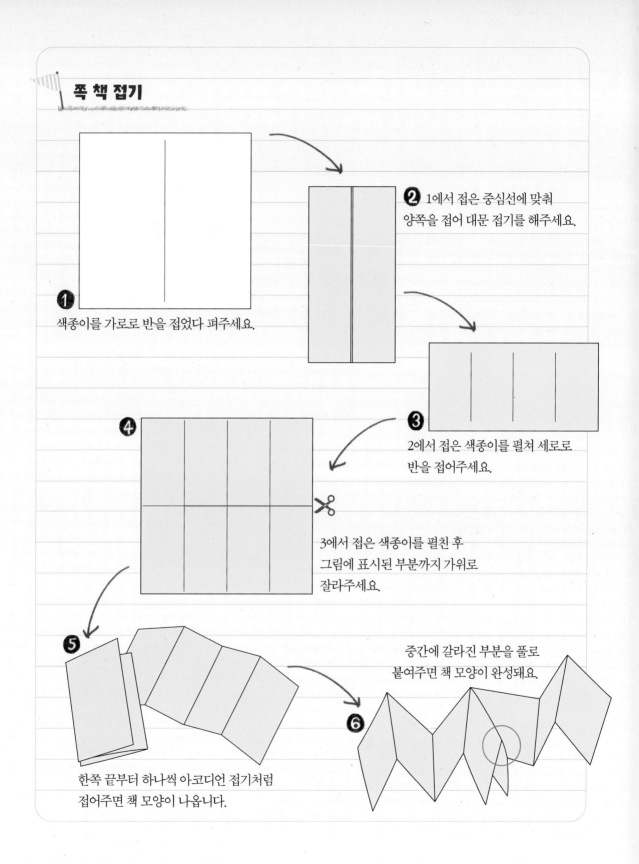

❶ 색종이를 가로로 반을 접었다 펴주세요.

❷ 1에서 접은 중심선에 맞춰
양쪽을 접어 대문 접기를 해주세요.

❸ 2에서 접은 색종이를 펼쳐 세로로
반을 접어주세요.

3에서 접은 색종이를 펼친 후
그림에 표시된 부분까지 가위로
잘라주세요.

❺ 한쪽 끝부터 하나씩 아코디언 접기처럼
접어주면 책 모양이 나옵니다.

중간에 갈라진 부분을 풀로
붙여주면 책 모양이 완성돼요.

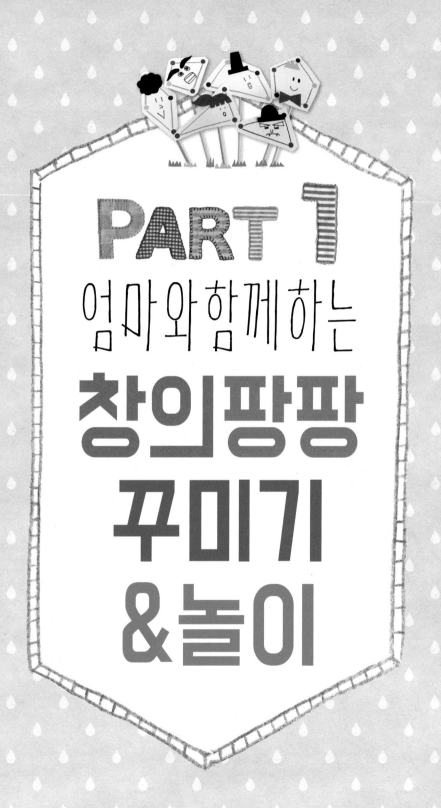

PART 1

엄마와 함께하는

창의팡팡

꾸미기

&놀이

★ 봄봄봄봄~ 봄이 왔어요~!

알록달록 봄 세상 알아보기 ★

[교과연계] 봄 1-1. 2단원 도란도란 봄 동산 / 봄 2-1. 2단원 봄이 오면

준비물 ✂

- 도화지(스케치북)
- 신문지
- 색종이
- 매직(또는 필기구)
- 풀
- 가위

겨울눈 속에 숨어있던 새싹과 꽃들이 날씨가 따뜻해지면 하나 둘 그 모습을 드러냅니다. 겨울에 앙상한 가지 속 겨울눈을 눈여겨 보세요. 봄이 되면 그 자리에 새로운 잎이나 꽃이 나오는 것을 볼 수 있을 거예요. 아이와 주변의 변화에 대해 이야기를 나누어 보고 봄나무를 만들며 봄을 주제로 한 연상 활동을 해 보세요. 신나게 신문지를 찢어서 붙이며 미술 놀이도 함께 해 보세요.

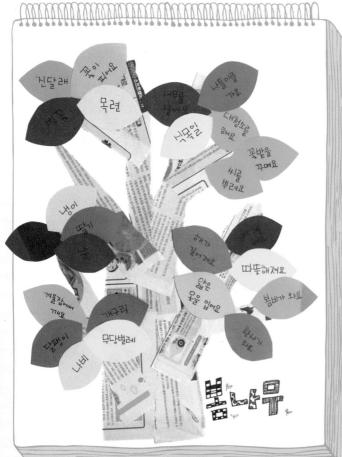

놀이 전 초등교과 알고 가기

봄 교과서 2단원의 첫 부분은 사진을 보고 '봄'에 대해 이야기를 나누어보는 시간입니다. 아이들이 봄에 대해 어떠한 배경지식을 가지고 있는지 살펴보는 시간이지요. 놀이를 통해 아이들이 가지고 있는 계절에 관한 배경지식을 넓혀 통합교과를 미리 대비해 보세요.

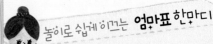

놀이로 쉽게 이끄는 엄마표 한마디

"○○는 무슨 계절이 제일 좋아?"

"엄마는 봄이 되니까 꽃이 많이 펴서 좋아. ○○는?"

"봄이 되니 초록색 잎들이 하나 둘 나오네! 미술 놀이 하면서 우리 집에도 봄 나무를 만들어볼까?"

함께 놀아보아요~!

선을 따라 가위질하면서 소근육이 발달됩니다.

1

아이와 신문지를 길게 찢어보세요. 다양한 길이로 찢어보세요.

2

도화지에 길게 찢은 신문지를 풀로 붙여 나무처럼 만들어보세요.

3

색종이를 4등분해 접은 후 나뭇잎 모양을 그려주고 아이가 모양대로 자르도록 해주세요.

4

아이와 가위바위보 게임을 해서 이기는 사람이 나뭇잎 색종이에 봄과 관련된 단어나 문장을 적어주세요. 누가 많이 적었는지 내기도 해 보세요.

아직 아이가 한글을 모른다면 아이가 말하는 것을 엄마가 대신 적어주세요. 글자를 관찰하면서 자연스럽게 한글 공부가 돼요.

5

글자를 적은 색종이들을 아이와 이야기 나누면서 분류해 보세요. 아이와 다양한 분류 방법을 논의하면서 해보세요. 아이가 모르는 단어는 엄마가 설명해주면서 분류를 하면 아이의 어휘력도 늘어난답니다.

'봄꽃', '봄 날씨', '봄 열매', '봄나물', '봄 기념일', '봄에 하는 일' 등으로 구분할 수 있어요.

6

색종이를 나뭇가지에 붙여주면 완성!

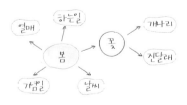

봄을
더 알아
봐요!

아이와 만든 봄 나무는 봄이 끝날 동안 벽이나 방문에 붙여둡니다. 봄이 지속되는 동안 아이가 추가로 알게 된 점이 있으면 나뭇잎을 더 만들어 붙여주면 좋아요. 봄이 끝나갈 때 아이와 다시 한 번 봄 나무를 보며 이야기를 나누어보세요. 이 활동은 매 계절을 주제로 반복해도 좋아요. 자연물을 이용해도 좋고 색종이를 계절에 어울리는 나뭇잎 모양으로 잘라줘도 좋겠지요.

🐞 플러스 활동

생각 그물을 그려볼까?

> 아이가 마인드맵을 어려워하면 소주제까지는 엄마가 이야기 해주고 아이와 함께 주제를 확장해보세요.

아이가 가지고 있는 지식을 재미있게 연상할 수 있는 방법이 생각 그물(마인드맵) 활동입니다. 큰 주제를 가운데 적고 소주제를 가지치기하여 점점 세분화해 주면 돼요. 생각 그물은 독후 활동으로 아주 좋아요. 이야기책을 읽고 책 속 내용을 확인하는 활동이나 어떤 주제에 대해 생각을 확장하는 활동으로도 그만이지요. 흰색 종이가 아닌 검은색 종이에 모양자를 이용해서 이리저리 그림 그리듯이 생각 그물 그리기 활동을 해 보세요. 흰색 펜을 이용해 글씨를 쓰면 아이도 색다른 느낌에 재미있게 활동할 수 있을 거예요.

준비물

검은색 종이, 흰색 젤리펜, 수정펜, 모양자

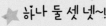

하나 둘 셋 넷~!

꽃잎으로 계절과 숫자 알아보기

[교과연계] 봄, 여름, 가을, 겨울 / 수학 1-1. 1단원 9까지의 수

준비물 ✂

- 각 계절별로 많이 볼 수 있는 꽃 사진 자료
- 숫자 스티커(또는 네임펜)
- 색종이
- 도화지
- 그리기 재료(꾸미기 재료)
- 풀
- 가위

수는 아이들이 실생활 속에서 자연스럽게 익히는 것이 좋아요. 학습지를 통해 익히는 것보다 직접 보고 세어보고 수와 양을 일치시키는 것이 훨씬 기억에 남아 수를 익히는 데 도움이 된답니다. 아이들과 산책을 하다 주변의 꽃이나 나뭇잎의 수를 함께 살펴보면 어떨까요? 자연의 신기한 규칙도 알 수 있고 자연스럽게 수에 대해서도 알 수 있는 기회가 될 거예요. 주변에서 보기 쉬운 꽃들은 대부분 10보다 작은 수의 꽃잎으로 이루어져 있으므로 작은 수를 가르치기에 이보다 더 좋은 게 없답니다. 계절마다 아이들과 산책하며 꽃과 나무를 살펴보면서 자연스럽게 수를 익혀보세요.

놀이 전 **초등교과 알고 가기**

초등 1학년 수학의 첫 단원은 9까지의 수를 알아보는 것입니다. 1에서 9까지의 수를 읽는 방법뿐만 아니라 하나에서 아홉까지 수를 세는 방법도 같이 배우게 됩니다. 아이와 수 놀이를 할 때 수와 양의 개념을 함께 익히면 좋아요.

놀이로 쉽게 이끄는 **엄마표 한마디**

"얼마 전 길에서 본 꽃 뭐 였는지 생각나니?"
"(사진 자료를 보여주며) 여기서 직접 봤던 꽃이 뭐였지? 그래 좋은 향기도 나고 그랬지!"(아이와 함께 꽃을 봤던 경험을 상기시켜주세요.)
"진짜 꽃은 따면 아파하니까 대신 이 꽃 사진을 가지고 놀아볼까?"
"꽃들이 꽃잎 수가 다 다르네! 몇 개인지 한 번 세어볼까?"

함께 놀아보아요~!

> "개나리는 꽃잎이 4개네. 패랭이꽃은 개나리보다 꽃잎이 하나 더 많은 5개구나." 처럼 이야기 하면 수의 개념을 자연스레 익힐 수 있어요.

1

계절별로 꽃잎 수가 다른 꽃 사진을 준비합니다.

⑩ 봄 : 개나리, 유채꽃(4잎), 수선화(6잎)
　 여름 : 무궁화, 패랭이꽃(5잎)
　 가을 : 코스모스(8잎)
　 겨울 : 동백꽃(5잎)

2

아이와 꽃을 살펴보며 어느 계절의 꽃인지 꽃잎 수는 몇 개인지 세어보세요. 꽃잎에 숫자 스티커를 하나씩 붙여주세요. 스티커 대신 수를 직접 써도 좋아요.

3

꽃잎의 수가 같은 꽃끼리 모아 보세요. 꽃잎의 수를 보고 하나 더 많은, 혹은 하나 더 작은 수의 꽃도 이야기 해 보세요.

4

2장의 꽃 사진을 고르고 꽃잎 수를 더하면 몇 개가 되는지도 알아보세요. 스티커를 이용해 양의 개념을 한 번 더 짚어주면 좋아요.

5

색종이를 잘라 사진에서 본 꽃을 따라 만들어 도화지에 붙여주세요. 사진에 없었던 꽃도 표현해 보세요. 엄마는 아이 스스로 재미있는 꽃을 만들어볼 수 있도록 도와주세요.

6

색종이로 꽃을 다 만들었으면 꾸미기 재료와 그리기 재료로 꽃밭을 완성해 주세요.

아이들과 함께 놀이한 흔적들은 놀이가 끝난 후 버리지 말고 미니북으로 만들어서 한글 공부를 해도 좋아요. 색 도화지를 사용하면 쉽게 미니북을 만들 수 있답니다. [아코디언 접기 015쪽 참조]

플러스 활동

누가누가 기억을 잘할까?

> 메모리 게임은 준비도 간단하고 다양한 주제로 아이들과 재미있게 놀 수 있는 놀이입니다. 아이들이 관심 있어 하는 사물로 메모리 카드를 만들면 더 좋겠지요. 엄마와 함께 게임 하면서 집중력도 높이고 즐겁게 놀이를 마무리해 보세요.

같은 꽃 사진을 2장씩 준비해 크기가 같은 색지에 붙여주세요. 골고루 섞어서 책상 위에 뒤집어서 놓고 2장씩 뒤집어 같은 사진을 찾는 사람이 카드를 가져옵니다. 카드가 모두 없어질 때까지 게임을 하고 더 많은 카드를 가져온 사람이 이깁니다. 아이의 연령에 따라 카드 수를 조절해주세요. 메모리 게임을 잘하면 카드 수를 점점 늘려주세요.

준비물 색지, 계절 꽃 사진 자료(같은 사진 2개씩), 풀, 가위

★ 솔솔 뿌리면 뭐가 될까?

모래 글자 놀이

[교과연계] 국어 1-1. 2단원 재미있게 ㄱㄴㄷ

준비물 ✂

- 도화지
- 양면테이프
- 가위
- 색 모래
- 스티커
- 색 성냥
- 목공용 풀

글자에 관심을 가지는 시기는 아이마다 다릅니다. 관심이 있다는 표시를 직접적으로 하기도 하고, 아이가 놀이 속에서 글자 같은 그림을 그리는 등의 행동을 통해 나타나기도 하지요. 아이가 한글에 관심이 있어 할 때 놀이로 시작하면 최고의 효과를 가져 올 수 있답니다. 초등 입학 전이라도 아이가 한글에 관심을 보이면 간단한 놀이부터 시작해 보세요. 아직 한글에 관심이 없는 아이라면 간단한 한글놀이로 흥미를 유발해 보세요.

놀이 전 초등교과 알고 가기

초등 1학년의 국어 교과서는 아이들이 한글을 익힐 수 있는 시간을 많이 늘려 초등 입학 전 한글을 떼야 한다는 부담감을 덜어주는 방향으로 개정되었습니다. 입학 전 한글을 떼야 하는 부담감은 덜었지만 아이가 입학 전 한글을 조금이라도 접해본다면 입학 후에 배우게 될 국어시간이 더 재미있겠죠? 입학 전 한글에 관심을 가질 수 있도록 간단한 놀이로 접근해 보면 어떨까요?

놀이로 쉽게 이끄는 엄마표 한마디

"(준비한 재료들을 보여주며) 이게 뭐할 때 쓰는 걸까?" (평소에 가지고 놀지 않는 재료를 보면 아이의 흥미를 높일 수 있어요..)

"우리 ○○ 이름 맞추기 해 볼까?"
(아이가 관심 있어 하는 것으로 글자 카드를 만들면 좋아요.)

"○○가 좋아하는 과일은 뭐가 있지? 동글동글 스티커로 콕콕 붙여 글자를 만들어볼까?"

함께 놀아보아요~!

글자를 만들 수 있는 방법은 다양해요. 여러 가지 방법을 사용해 보세요. 도화지를 카드 크기로 잘라서 준비한 뒤 양면테이프를 잘라 붙여 글자를 만들어주세요.

양면테이프의 종이를 떼어 내고 색 모래를 뿌려줍니다. 상자 뚜껑이나 쟁반 위에 두고 모래를 뿌리면 뒷정리가 쉬워요.

색 모래를 살살 털어내면 글자가 나타납니다.

> 엄마가 글자를 써주어도 좋고 글자가 써진 책을 따라 적으며 소근육을 길러주어도 좋아요.

이번에는 아이가 쓰고 싶어 하는 글자를 써 준 뒤 글자 위로 스티커를 붙여서 글자를 완성합니다.

색 성냥과 목공용 풀을 이용해서 쓰고 싶은 글자를 써보세요. 색 성냥이 없으면 이쑤시개나 나뭇가지 등을 사용해도 좋아요.

> 낱말을 만들고 낱말이 내는 소리가 있으면 소리 흉내내기를 해도 좋아요.

다 만든 글자 카드를 조합해서 단어를 만들어보세요.

글자로 빨래 놀이 해 볼까?

아이들과 만든 한글 카드는 버리지 말고 다양한 게임으로 즐겨보세요. 빨래건조대 또는 긴 끈의 양 옆을 고정시킨 뒤 집게로 아이가 만든 한글 카드를 빨래처럼 걸어두고 순서를 정해서 한 장씩 카드를 가져와 그 글자가 들어가는 단어를 말하는 게임을 해도 좋아요. 또, 주사위 두 개를 던져 나온 수를 더해서 더 큰 수가 나오는 사람이 먼저 하기 등 덧셈이나 뺄셈을 놀이에 응용해도 좋아요.

🐞 플러스 활동

수리수리 글자가 나와라 송!

아이들이 좋아하는 놀이 중 하나가 바로 밀가루 놀이죠. 밀가루를 활용하여 오감 놀이도 하고 물풀을 이용해서 비밀 글자도 만들어보면 어떨까요? 검은색 종이에 물풀로 글자를 쓰고 그 위에 밀가루를 뿌려 글자 만들기를 해 보세요. 밀가루를 신나게 뿌리고 놀면서 촉감 놀이도 하고 자연스럽게 글자도 익힐 수 있어요.

준비물 검은색 종이, 물풀, 밀가루

⭐ 하나씩 하나씩 끼워 볼까?

구슬 꿰기 숫자 놀이 ⭐

[**교과연계**] 수학 1-1. 1단원 9까지의 수, 5단원 50까지의 수

준비물 ✂

- 진주 구슬 12mm(색 혼합)
- 작은 종이 접시
- 가위
- 빵 끈
- 빈 페트병(작은 것)
- 구슬치기용 구슬
- 숫자 스티커

구슬 끼우기는 유아기 아이들의 소근육 발달에 아주 좋은 활동입니다. 구슬 끼우기 놀잇감을 샀다면 팔찌, 목걸이 만들기에 그치지 않고 조금 다르게 활용해서 수 놀이를 해 보면 어떨까요? 간단한 재료만 있으면 훌륭한 엄마표 수 놀이 교구를 만들 수 있답니다. 구슬을 끼우며 수도 익히고 소근육 발달도 되는 일석이조의 놀잇감을 만들어볼까요? 구슬이 없다면 끼우기가 가능한 놀잇감을 활용해도 좋아요.

놀이 전 **초등교과 알고 가기** ···

초등 1학년 1학기 수학에서 익혀야 할 중요한 개념이 바로 '가르기'와 '모으기'입니다. '가르기'와 '모으기'는 덧셈과 뺄셈을 위한 기초가 되기 때문이지요. 유아기부터 초등 저학년까지는 종이에 쓰인 숫자보다는 구체물을 이용해 수학을 익히면 개념잡기가 훨씬 쉬워집니다. 아이가 집에서 가지고 노는 장난감들로도 충분히 수의 개념을 익힐 수 있으니 한 번 도전해 보세요.

놀이로 쉽게 이끄는 **엄마표 한마디**

"엄마가 이거 끼우고 있는데 좀 도와줄래?"
(유아기부터 저학년의 아이는 엄마가 도와달라는 것을 매우 좋아합니다.)

"○○는 구슬을 엄청 잘 끼우네! 엄마보다 더 잘하는 것 같아!" (칭찬에 으쓱해하는 아이를 볼 수 있을 거예요..)

함께 놀아보아요~!

1

접시 위에 구슬을 색깔별로 구분해 보세요. 색을 이용한 분류 활동입니다.

2

분류한 구슬을 빵 끈에 1개부터 9개까지 끼워주세요. 빵 끈의 길이를 구슬보다 양쪽으로 2~3cm 정도 남기고 잘라주세요.

3

자른 빵 끈은 아이가 다치지 않도록 구멍보다 좀 더 크게 둥글게 구부려 끝부분을 구슬의 구멍 안으로 다시 넣어주세요. 구슬이 여유가 되면 여러 개를 만들어주세요.

놀이로 이끄는 팁

> 엄마 숫자 5가 나왔네! 몇의 구슬을 가져오면 5를 만들 수 있을까? 엄마가 3의 구슬 가져 올게! ○○가 몇의 구슬을 가져와서 더하면 5가 될까?

4

이번엔 구슬치기용 구슬(페트병 속에 들어가는 크기의 동그란 물건)에 숫자 스티커를 5에서 10까지 적어 페트병에 넣어줍니다. 스티커가 없으면 매직으로 써도 좋아요.

5

아이가 페트병을 흔들어 숫자가 적힌 구슬을 하나 꺼냅니다. 순서를 정해 신나게 흔들며 게임처럼 해 보세요.

6

5에서 나온 수를 구슬 교구 2개를 이용해서 '가르기'와 '모으기'를 해 보세요. 아이가 어리면 페트병에서 나온 수의 구슬 교구를 찾는 게임으로 변형해도 좋아요. '가르기'는 한 수를 둘 이상의 수로 나누는 것을 말하고 '모으기'는 둘 이상의 수를 모아서 한 수를 만드는 것을 말합니다.

100까지도
셀 수
있어요!

아이들은 끼우기 활동을 좋아해요. 구슬의 여분이 있다면 아이와 함께 100까지 수 세기 판을 만들어보세요. 철사(또는 끈)에 구슬을 열 개씩 끼워 넣어서 두꺼운 상자 종이에 감기만 하면 간단히 완성되는 엄마표 수 세기 교구입니다. 수를 많이 모르는 아이라면 수를 줄여서 만들어줘도 좋아요.

100은 10의 묶음이 10개가 모여서 된다는 것을 아이가 인지할 수 있도록 여러 번 세어보는 것이 좋아요. 열의 묶음이 하나, 열의 묶음이 둘... 등으로 세어서 백이라는 수가 된다는 것을 알려주세요.

🐞 플러스 활동

카드 게임을 해 보자!

트럼프 카드를 아이들이 가지고 논다고 의아해하실 수도 있지만, 카드 하나로 손쉽게 가르기, 모으기 게임이 가능하답니다. 아이와 1에서 4까지의 수 카드를 골라서 5만들기, 1에서 9까지의 수 카드를 골라서 10만들기 게임을 해 보세요. 누가누가 많은 수를 만드나 내기 하다 보면 저절로 가르기, 모으기 활동의 달인이 될 거예요.

준비물 트럼프 카드

⭐ 하나씩 올려서 만드는

크리스마스트리 꾸미기 ⭐

[교과연계] 겨울, 수학 1-1. 1단원 9까지의 수, 3단원 덧셈과 뺄셈

준비물 ✂️

- 쌓기 나무(또는 가베)
- 스티커
- 꾸미기 재료
- 투명테이프

찬바람이 부는 겨울에는 아이들이 가장 기다리는 크리스마스가 있지요. 행복한 크리스마스를 위해 아이들과 함께 블록으로 트리를 만들어보면 어떨까요? 알록달록한 나무 블록으로 하나에서 열까지 수 막대를 만들어 쌓으면 멋진 나만의 트리를 만들 수 있어요. 단순히 만들기 놀이에 그치지 않고 하나씩 많아지는 수 막대를 만들며 점점 커지는 수와 점점 작아지는 수에 대해 알아보고 '10' 만들기도 해 보세요. 유아기에는 구체물을 이용해서 수 세기 놀이를 가능한 한 많이 반복해주는 것이 좋아요. 단순 수 세기에 그치지 않고 크리스마스트리라는 멋진 결과물을 완성하게 되어 아이들도 놀이 만족도가 높답니다.

놀이 전 초등교과 알고 가기

수학에서 보수는 '보충하는 수'를 말합니다. 즉, 10의 보수는 1과 9, 2와 8이 되지요. 아이와 함께 10의 보수를 놀이 속 구체물을 이용해 알아보는 시간을 가져보세요. 단순히 1+9=10이라는 연산으로 수를 먼저 익히는 것이 아니라 아이가 직접 세어 놓고 합해 보면서 보수의 개념을 몸으로 익힐 수 있게 도와주세요.

놀이로 쉽게 이끄는 엄마표 한마디

"겨울이면 뭐가 제일 생각나? 제일 하고 싶은 일은?"
(다양한 겨울의 즐길거리들을 유도해서 이야기하도록 해 보세요.)
"크리스마스 하면 뭐가 제일 먼저 떠올라?"
"집에 있는 블록들로 겨울 장식을 만들어볼까?"

함께 놀아보아요~!

한쪽 면에만 테이프가 붙어 있어 모양을 만들고 놀기 좋아요. 끝과 끝을 이어주면 동그라미가 완성돼요.

아이와 1개부터 10개까지 쌓기 나무를 꺼내 나란히 붙여두고 한쪽 면에 투명테이프를 붙여서 이어주세요.

쌓기 나무로 다양한 모양을 만들어 놀아보세요.

이번엔 투명테이프를 반대쪽에도 붙여주세요. 양쪽이 테이프로 고정되어 막대가 되었어요.

쌓기 나무 막대를 이용해서 10막대 만들기를 해 보세요. 바닥 면에 10막대를 두고 다른 수의 막대를 모아서 10막대 만들기를 해 보세요.

이번에는 아랫부분에 쌓기 블록으로 나무기둥을 만들고 10막대부터 시작해서 9, 8, 7....1막대까지 순서대로 쌓아 트리 모양을 만들어보세요.

크리스마스 관련 스티커나 색종이, 가베 등으로 크리스마스 장식을 만들어서 붙여주면 멋진 크리스마스트리가 완성돼요.

크리스마스를 기다리며 만들기 한 것들을 방 한켠에 전시해 두면 어떨까요? 하루하루 크리스마스가 다가오면 올수록 산타할아버지가 가져다 줄 선물을 기대하며 신나하는 아이들의 모습을 볼 수 있을 거예요.

플러스 활동

모양으로 크리스마스 카드를 만들어요!

모양 스티커나 작은 모양이 있는 물건(펜 뚜껑 등)을 이용해 도화지에 간단하게 붙이거나 찍어서 크리스마스트리 모양을 만들어보세요. 아이와 만든 그림은 가위로 잘라 색지에 붙인 후 리본을 달아주면 간단히 크리스마스 카드로 변신한답니다.

준비물: 도화지, 모양 스티커, 스탬프, 동그란 모양의 물건, 색연필, 색지, 가위, 풀(목공용 풀), 리본

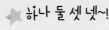
하나 둘 셋 넷~!

06 메추리알 통 숫자 놀이

[교과연계] 수학 1-1. 5단원 50까지의 수 / 수학 2-1. 6단원 곱셈

준비물
● 메추리알 통
● 폼폼이
● 숫자 스티커
● 종이접시 여러 개

엄마에게는 가장 만만한 요리 재료이고, 요리해두면 아이들에게도 인기 만점인 것이 바로 '달걀'이 아닌가 싶은데요. 달걀 통은 수 놀이를 하기에 좋지만, 크기가 커서 큰 수를 알아보기엔 적당하지 않아요. 이럴 땐 작은 메추리알 통을 사용해 봐요. 메추리알 통은 크기도 크지 않고 메추리알이 많이 들어가기 때문에 10 이상의 큰 수를 알아보기에 좋은 재료랍니다. 메추리알을 삶은 후 아이와 함께 까서 맛있는 반찬도 만들고, 빈 통은 재미있는 수 놀이에 활용해 보면 어떨까요?

놀이 전 **초등교과 알고 가기**

초등 수학 교과서는 쉬워졌다고는 하지만 1, 2학년과 3학년의 난이도 차이는 꽤 큽니다. 3학년 수학을 쉽게 하기 위해서는 1, 2학년 때 기초를 튼튼히 다져두는 것이 좋아요. 곱셈은 유아기 때 무조건 구구단을 외우는 것보다는 배수의 개념을 익히며 구체물로 여러 번 더한 것이 곱이 된다는 사실을 알 수 있게 해주는 것이 더 중요합니다.

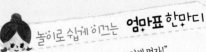
놀이로 쉽게 이끄는 **엄마표 한마디**

"엄마랑 메추리알 까서 맛있는 요리해 먹자!"

"메추리알을 다 까고 나니 통이 남네? 이걸로 뭘 하면 좋을까?"

"폼폼이로 메추리알을 대신해서 놀이할까?"

함께 놀아보아요~!

1 폼폼이를 하나씩 세어보며 메추리알 통에 넣어줍니다.

> 메추리알 판을 구하기 힘들면 달걀판과 집에 있는 블록 등을 이용해도 좋아요.

2 뚜껑을 덮고 그 위에 숫자 스티커를 붙여주세요. 스티커를 붙이며 숫자 세기를 반복합니다.

3 메추리알판 여러 개를 이용하면 더 큰 수도 알아 볼 수 있어요.

> 아이가 끝까지 수세기를 하며 판을 다 채울 수 있게 도와주세요. 간단한 활동 이지만 끈기있게 마무리하면 집중력을 키울 수 있답니다.

> 색은 분류하기 가장 쉬운 기준 이에요.

4 여러 개의 빈 접시에 폼폼이를 색깔 별로 분류합니다. 분류 활동은 놀이 과정 중 계속 반복해주세요.

> 두 개씩 짝을 지어볼까? 두 개와 두 개가 모이니 네 개가 되네! 또 두 개를 더하면 여섯!... 처럼 더해주며 이야기를 나누어보세요.

5 색깔별로 두 개씩 놓아 보세요. 아이 가 자연스럽게 2의 배수를 알 수 있 어요. 수를 점점 늘려서 배수(3의 배 수, 4의 배수 등)의 개념을 알 수 있 도록 해주세요.

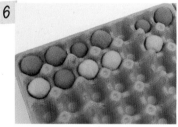

6 크기가 다른 폼폼이를 이용해 규칙 놀이도 할 수 있어요. 색깔과 크기의 규칙 놀이가 익숙해지면 빈 곳을 둬 서 아이가 빈 곳을 채울 수 있도록 해 주세요.

누가 누가
젓가락질
잘하나

초등학교에 가면 급식 시간에 젓가락을 사용할 줄 알아야 해요. 아이와 함께 놀이를 통해서 젓가락질을 연습해 보세요. 젓가락으로 폼폼이를 하나씩 하나씩 수를 세며 옮겨주세요. 폼폼이는 폭신한 재질이기 때문에 젓가락질이 서툰 아이들에게 훌륭한 젓가락질 연습용 재료랍니다.

🐞 플러스 활동

폼폼이 사탕 주세요!

아이와 함께하는 놀이 중 가게 놀이만큼 아이가 좋아하는 놀이가 있을까요? 간단히 폼폼이를 나무꼬치에 끼워서 아이와 가게 놀이를 해 보세요.

준비물
폼폼이, 나무꼬치(또는 이쑤시개)

창의력 쑥쑥 교과놀이
07

★ 주룩주룩 색깔비가 내려요!

얼음 물감 놀이 ★

[교과연계] 여름 1-1, 2단원 여름 나라 / 과학 4-2, 2단원 물의 상태 변화

준비물 ✂

- 물감(빨강, 노랑, 파랑)
- 아이스 캔디바 메이커
- 도화지
- 투명 유리병(또는 컵)

> 물감이 묻어도
> 괜찮은 옷을 입히고
> 활동하면 좋아요.

무더운 여름에는 시원한 아이스크림만한 것이 없지요. 아이와 함께 푹푹 찌는 날씨에 물감으로 얼음을 만들어 재미있는 놀이를 해 보면 어떨까요? 시원한 촉감도 느끼고 종이에 자유롭게 그림을 그려보면서 더위도 잊을 만큼 재미있게 놀이를 해 보세요. 놀이를 통해 물이 얼면 어떻게 되는지, 다시 녹으면 어떻게 되는지 함께 알아보고 생활 속에 쓰이는 물에 대해서도 이야기 나누어 보세요. 아이가 얼음이 얼 때까지 기다리는 참을성도 키워주세요.

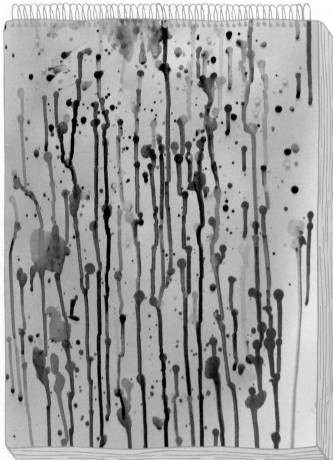

놀이 전 **초등교과 알고 가기**

초등 1, 2학년에 배우게 되는 통합교과는 사계절을 주제로 다양한 영역의 활동을 하게 됩니다. 다양한 활동 중 하나가 스스로 표현하기 활동인데요. 표현은 그림, 몸짓, 글쓰기, 책 만들기 등 다양한 방법으로 이루어집니다. 아이가 스스로 표현하는 것을 어려워하지 않도록 집에서 여러 가지 활동을 통해 아이의 표현력을 키워주세요. 여기에 간단한 과학 활동을 더하면 좀 더 재미있는 활동으로 만들 수 있겠지요. 여름은 아이들과 물의 상태변화에 대해 이야기를 나누기에 좋은 계절입니다. 아이와 물을 얼리면 어떻게 되는지 또 얼음이 더운 날씨에 어떻게 되는지 등을 함께 이야기해 보세요.

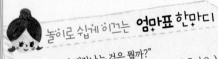

놀이로 쉽게 이끄는 **엄마표 한마디**

"더운 날 가장 생각나는 것은 뭘까?"
(얼음/아이스크림이라는 대답을 이끌어내면 좋아요.)

"물을 얼리면 어떻게 되는지 알아?
물에 색을 섞어서 얼려볼까?"

"하늘에서 색깔비가 내리면 어떻게 될까? 어떨 것 같아?"

함께 놀아보아요~!

1

투명 유리병(또는 컵)에 빨강, 파랑, 노랑 세 가지 색의 물감 물을 만들어요.

> 물감은 진하게 타주세요.

2

물감 물을 섞어서 다른 색도 만들어 보세요. 아이와 함께 두 가지 색을 섞으며 무슨 색이 될까 이야기하면서 관찰해 보세요.

놀이로 이끄는 팁
> 엄마 OO가 좋아하는 색깔이 뭐야? 엄마는 OO색 좋아하는데! 우리 빨간색, 파란색, 노란색으로 OO가 좋아하는 색깔을 만들어볼까?

3

아이스 캔디바 통에 물감 물을 부어서 얼려줍니다.

놀이로 이끄는 팁
> 엄마 색깔 얼음이 어떻게 되는지 얼음을 관찰해 볼까? 끝에 색깔 물방울이 생기네! 이건 어디서 온 거야?

4

큰 도화지를 바닥에 깔고 얼린 물감 물을 꺼내 색깔 얼음이 녹는 모습을 관찰합니다.

5

도화지에 색깔 얼음을 이용해 자유롭게 그림을 그려주세요.

> 얼음의 차가운 느낌을 손으로 직접 느끼며 자유롭게 활동하도록 합니다.

6

종이 위에 얼음 바를 두고 녹아내리는 색깔 물방울을 떨어뜨린 후 종이를 들어서 흘러내리는 물감을 관찰합니다. 크레파스나 색종이 등을 이용해서 작품을 더 꾸며줘도 좋아요.

색깔 비가 내리네!

"하늘에서 색깔 비가 내리네! 비와 관련된 노래를 함께 불러볼까?" 아이와 함께 비와 관련된 동요를 불러보세요. 아이와 신나게 노래를 부르며 더 재미있게 놀이를 즐겨 보세요.

▶ 비와 관련된 동요 : 비가 온다(백창우)

플러스 활동

콕콕 찍으면 맛있는 음료가 보글보글~

다 쓴 색연필 통을 버리지 말고 보관해 두었다가 앞부분은 빼고 통을 이용해서 물감 찍기 활동을 해 보세요. 크레파스로 그릇을 그리고 그릇 속에 어떤 음료수가 들어 있을까 아이와 상상해보며 콕콕 찍어보세요. 찍다 보면 동글동글한 모양이 거품 같기도 해서 재미있는 미술 활동이 될 거예요.

준비물 : 못 쓰는 색연필 또는 볼펜 통, 물감, 도화지, 크레파스(색연필)

세계 여행을 나무로 만들어요!
대륙나무 만들기

준비물 ✂

- 박스 종이
  (또는 크라프트 전지)
- 매직
- 색종이(또는 색지)
- 크라프트 가위
  (또는 일반 가위)
- 풀
- 양면테이프

유치원의 누리과정에 '세계 여러 나라'라는 주제가 있는데요. 이 주제는 초등 2학년 겨울 교과서 1단원에서 다루게 됩니다. 아이들은 주변에서 쉽게 다문화 가정을 만날 수 있고 매체를 통해서든 여행을 통해서든 아이가 세계 여러 나라를 자주 접하게 되어서인지 세계에 대한 배경지식을 많이 알고 있죠? 세계 여러 나라에 대해 관심이 많은 친구는 재미있는 놀이를 통한 지식확장으로, 관심이 없던 친구는 놀이를 통해서 관심을 유도할 수 있도록 해주세요.

놀이 전 초등교과 알고 가기

초등 2학년의 통합교과에서 다루는 '세계 여러 나라'는 우리와 다름을 인정하고 존중하며 다양한 문화와 환경을 이해하는 방향으로 진행됩니다. 아이와 함께 다른 나라의 기후와 환경, 생활모습 등을 책을 통해서 자주 접해 보고 놀이를 통해서 알아본다면 다른 문화에 대해 좀 더 쉽게 이해할 수 있을 거예요.

놀이로 쉽게 이끄는 엄마표 한마디

"가장 가보고 싶은 나라가 어디야?
왜 가보고 싶어?"
"다른 나라 음식 먹어 본 적 있어? 맛은 어땠어?"
(경험해 본 다른 나라 문화에 대해서 아이와 이야기 나누어보세요.)

함께 놀아보아요~!

1

색다른 놀이 재료 (크라프트 가위)로 활동하면 아이들의 호기심을 자극할 수 있어요.

크라프트 가위를 이용해 나뭇잎을 만들어주세요.

2

종이나무는 유리창이나 벽에 크게 만들어 붙여주세요.

박스 종이를 이용해서 나뭇가지를 크게 잘라 붙여주고 6대륙의 이름을 써보세요.

3

한글을 모르는 아이는 엄마가 대신 써주세요.

잘라둔 나뭇잎에 나라 이름을 써주세요.

4

대륙에 맞게 색종이 나뭇잎을 붙여보세요. 가위바위보를 해서 이기는 사람이 나뭇잎을 붙여줍니다. 엄마는 적당히 져주세요.

5

나뭇잎을 다 붙인 후 다시 한 번 나라 이름을 읽어보고 아이가 관심 있어 하는 나라가 있다면 함께 이야기를 나누어 보세요.

6

국기에 관심이 많은 아이라면 국기 자료를 이용해서 응용해도 좋아요.

'아' 글자가
들어가는
나라나 대륙은
뭐가 있을까?

글자를 바꿔가며 한글 놀이도 할 수 있어요. 아이가 나라 이름과 국기 등을 좋아한다면 나라 이름, 수도 이름 등으로 한글 놀이로 응용해 보세요. 빙고 게임이나 나라 이름 대기 등 간단한 놀이를 통해 '글자 공부'라기보다는 자신이 재미있어 하는 것을 가지고 노는 놀이로 알고 신나게 활동할 거예요.

🐞 플러스 활동

누가누가 더 많이 알까? 내기해 보자!

엄마와 누가 국기 이름을 더 많이 아는지 내기를 해 보세요. 국기 뒤에 우드락과 고무자석을 붙인 후 칠판에 하나씩 붙여가며 나라 이름을 적어서 내기를 해 보세요. 자석칠판이나 자석이 없다면 큰 종이에 국기자료를 붙이고 펜으로 적어도 좋아요.

준비물 국기 자료, 우드락, 고무자석(생략 가능), 자석칠판(또는 도화지)

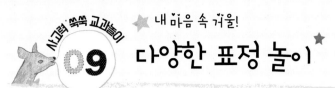

★ 내 마음 속 거울!

다양한 표정 놀이

[교과연계] 봄 2-1. 1단원 알쏭달쏭 나 / 수학 1-2. 3단원 여러 가지 모양 / 국어 2-1. 3단원 마음을 나누어요.

준비물 ✂

- 원형 스티커
- 도화지
- 크레파스
- 가위
- 색종이
- 풀
- 빨대
- 투명테이프

아이와 함께 다양한 감정에 대해서 알아보는 시간을 가져볼게요. 상황에 따라 느낄 수 있는 감정이 다양하다는 것을 알고 이 감정들을 어떻게 표현해야 하는지 이야기를 나누어보세요. 이 놀이는 아이가 느꼈던 감정들에 공감해주고 마음을 보듬어주는 활동이 될 수 있어요. 자칫 무거워질 수 있는 활동을 수학의 여러 가지 모양을 이용해 얼굴 도형을 만들어보며 재미있게 접근해 보세요.

놀이 전 **초등교과 알고 가기**

초등 2학년 1학기 봄 교과서의 1단원 '마음 신호등'에서는 아이들이 서로의 마음을 다치지 않도록 하기 위해 어떻게 해야 하는지를 배우게 됩니다. 서로에 대한 배려, 아이들의 마음을 표현함에 있어서 서로의 입장을 생각해 보고 표현하는 방법을 배우게 되지요. 유아기의 아이들에게는 상대방의 입장을 생각해보는 것이 어려울 수 있어요. 하지만 놀이를 통해서라도 마음을 표현하는 다양한 방법을 알아보는 것도 좋은 경험이 될 거예요.

놀이로 쉽게 이끄는 **엄마표 한마디**

"점, 점, 점을 연결하면 어떻게 될까?" (아이가 좋아하는 동요의 리듬에 맞춰서 노래 부르듯이 불러주면 좋아요.)
"점을 이어주니 모양이 나오네!
이건 무슨 모양이라고 이름을 붙일까?"

함께 놀아보아요~!

1

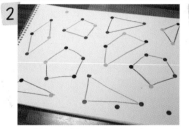

작은 원형 스티커를 이용해 도화지에 무작위로 점을 찍어주세요. 스티커가 없다면 펜으로 그려주세요.

2

색연필로 점을 이어 삼각형, 사각형 등 다양한 모양을 그려보게 한 뒤 도형에 아이만의 이름을 붙여보세요.

> OO는 언제가 가장 행복해? 행복한 표정을 같이 만들어볼까?처럼 아이와 같이 어떤 상황에서 느끼는 감정을 이야기해 보고 표정을 지어본 후 그림을 그려주면 좋아요.

3

그려놓은 모양에 눈, 코, 입을 그려서 여러 가지 표정들을 그려보세요. 아이와 다양한 감정에 대해서 이야기를 나누며 활동하면 좋아요.

> 가위는 어린 아이가 사용하기에는 위험할 수 있으니 엄마가 잘라주세요.

> 모양 얼굴을 재미있게 꾸며볼까? 색종이를 잘라 모자를 꾸며줄까? 모자 말고 다른 것은 뭐가 있을까? (아이와 대화하며 꾸미기를 해주세요..)

> **놀이로 이끄는 팁**
> 엄마 표정 인형을 이용하여 상황극을 만들어 놀아주면 좋아요. 각 인형의 이름을 이름을 지어보고 간단한 친구 놀이 등을 해 보세요.

4

3에서 완성한 다양한 표정들을 가위로 잘라주세요.

5

색종이를 이용해 얼굴을 다양하게 꾸며주세요.

6

5에서 완성한 얼굴의 뒷면에 빨대를 붙여서 표정 인형을 만들어요.

우리
표정 연기
해 볼까?

앞서 완성한 표정 인형의 표정을 아이와 엄마가 함께 따라해 보세요. 거울을 가져와서 아이의 표정을 함께 보면서 이야기를 나누어보세요. 미운 얼굴, 예쁜 얼굴 등을 살펴보며 아이와 거울에 비친 자신의 모습이 어떤지 이야기를 나누어 보면 좋답니다.

🐞 플러스 활동

야채가 웃고 있네!

아이와 함께 야채를 반으로 잘라 재미있는 얼굴을 그려보세요. 야채를 관찰하기도 하고 작은 야채는 아이가 직접 잘라도 보고 자른 단면에 펜을 이용해 얼굴도 그려보며 다양한 표정들을 표현해 보세요. 먹는 재료를 이용한 것이니 아이와 놀이한 부분은 잘라내고 음식 재료로 활용해도 좋아요.

준비물: 여러 가지 야채, 칼, 펜

누구 과자가 더 많을까?

과자 세기 놀이

[교과연계] 수학 1-1. 5단원 50까지의 수 / 수학 1-2. 1단원 100까지의 수 / 수학 2-1. 6단원 곱셈

준비물 ✂

- 링 모양의 과자
- 막대 모양의 과자
- 종이컵
- 카드링
- 접시

유아기 때 수학은 손으로 익힐 수 있는 부분이 많습니다. 유아기는 눈으로 보는 것도 중요하지만 직접 만져보며 알아보는 것이 더 효과적이에요. 수도 도형과 마찬가지로 구체물을 직접 세어봐야 빠르게 이해할 수 있어요. 아이가 먹고 싶어하는 과자를 사서 먹기 전에 숫자를 세어 보고 여러 활동을 해 보면 비싼 교구 부럽지 않답니다. 엄마와 즐겁게 놀이하고 난 뒤 과자파티를 하며 마무리합니다.

놀이 전 초등교과 알고 가기

1학년 1학기 수학의 마지막 단원인 '50까지의 수'에서는 10의 개념을 배우게 됩니다. '십이 한 개라서 10(일십), 십이 두 개라서 20(이십)' 이런 식으로 십의 자리 개념을 익히게 돼요. 더 큰 자릿수가 나와도 아이가 어려워하지 않도록 기초를 탄탄히 해주는 것이 좋습니다. 낱개 열 개가 모여서 하나의 묶음이 되어 십이 된다는 사실을 과자라는 구체물을 통해 아이가 쉽게 다가갈 수 있도록 해 봅시다. 십의 개념을 익혔다면 십의 묶음 몇 개와 낱개 몇 개가 더해져서 '몇 십 몇'이 된다는 것을 과자라는 친숙한 재료를 가지고 놀면서 알아보세요.

놀이로 쉽게 이끄는 엄마표 한마디

"(과자 봉지를 흔들며) 과자가 몇 개나 들어있는지 한 번도 세어본 적 없는데, 우리 같이 세어볼까?"
"과자가 몇 개쯤 들어있을 것 같아?"
(어림하여 몇 개쯤인지 맞춰보기 합니다.)

함께 놀아보아요~!

1

링 모양의 과자를 열 개씩 링에 끼웁니다. 링이 없다면 털실 등을 이용해도 좋아요.

2

막대 모양의 과자는 종이컵에 열 개씩 담아보세요.

3

10개씩 묶은 두 종류의 과자를 놓아보며 수를 익힙니다. 10의 묶음이 몇 개인지 세어 보고 '10이 O개라서 O십이네!'와 같이 말해보며 활동합니다.

이 활동을 반복해 몇 십 몇의 개념을 익힐 수 있도록 해주세요.

3을 두 번 더하면 3×2, 3을 세 번 더하면 3×3이란 것을 알려주세요.

4

10의 묶음 몇 개와 낱개가 몇인지 세어 보고 '몇 십 몇'을 알아보세요.

5

막대 과자를 컵에 몇 개씩 넣어 곱셈의 개념도 익혀보세요.

6

수 활동이 끝나면 신나게 과자를 먹으며 과자를 이용한 재미있는 만들기 놀이(예 과자 목걸이, 안경 놀이 등)도 해 보세요.

모양
만들기를
해 볼까?

막대 모양 과자는 아이들과 도형 놀이를 할 수 있는 도구 중 가장 안성
맞춤이 아닐까 싶네요. 삼각형, 사각형 이렇게 이름을 알려주기보다는
아이 스스로 만들어보고 아이만의 도형 이름을 붙여주며 과자도 먹고
도형 개념도 익혀보면서 즐거운 시간을 보내 보세요!

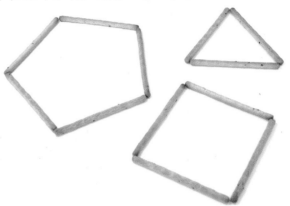

🐞 플러스 활동

맛있는 100 수 세기 판

[교과연계] 수학 1-2. 1단원 100까지의 수

아이와 링 모양의 콘프레이크를 하나씩 털실에
끼워 백까지 세어보세요. 색깔별로 10개씩 콘프
레이크를 나눈 후에 털실에 끼워서 콘프레이크
목걸이를 만들어보세요. 아이와 신나게 놀고 난
뒤에는 우유를 부어 맛있게 먹어요.

준비물 링 모양 콘프레이크, 털실, 돗바늘

★ 겨울에 딱 좋은

새콤달콤 귤 피라미드 놀이 ★

[교과연계] 겨울 1-2. 2단원 우리의 겨울 / 수학 1-1. 5단원 50까지의 수 / 수학 2-1. 3단원 덧셈과 뺄셈, 6단원 곱셈

준비물 ✂

• 귤
• 도화지(또는 A4용지)
• 펜

겨울하면 생각나는 과일은 단연 귤이지요. 말랑말랑 껍질을 까서 한 쪽씩 베어 먹으면 새콤달콤한 맛에 어느새 몇 개씩 뚝딱 먹어 버리지요. 귤은 버리는 것 하나 없는 알찬 과일인 것 같아요. 귤 껍질은 깨끗이 씻어 말려 차로 마시고 과육은 주스나 잼으로도 만들어 먹어요. 아이와 함께 귤을 까 먹으며 재미있는 수학 놀이도 해 보고 겨울철 과일에 대해서도 같이 알아볼까요?

놀이 전 초등교과 알고 가기

수학은 일상 속에서 콩나물시루에 물 주듯이 꾸준히 해줘야 하는 활동이에요. 겨울이 되면 아이와 함께 마트에 가서 제철 과일인 귤을 사고 한 박스에 몇 개나 들었는지, 한 박스에 몇 kg인지 등 아이와 알아보는 시간을 가져보세요. 덧셈, 뺄셈은 곱셈, 나눗셈의 기초가 되기 때문에 구체물로 반복해서 기초를 튼튼하게 해주는 것이 좋습니다. 이렇게 기초를 튼튼하게 하면 더 어려워지는 곱셈, 나눗셈도 어려움 없이 쉽게 해결할 수 있을 테니까요.

놀이로 쉽게 이끄는 엄마표 한마디

"겨울하면 생각나는 과일은?"
(아이와 겨울 관련 단어로 스피드 퀴즈를 해도 좋아요!)
"(귤을 들고) 이 귤은 모두 몇 쪽일까?"
"한 박스에 모두 몇 개가 들었을까?"

함께 놀아보아요~!

놀이로 이끄는 팁

엄마 귤을 어떻게
자를까? 귤이랑 비슷한
과일은 또 뭐가 있지?

1

귤을 직접 까서 잘라보고 냄새도 맡고 맛도 보며 관찰해 보세요.

2

귤을 까기 전 모두 몇 쪽일까 내기해 보고 직접 까서 개수를 확인해 보세요.

3

깐 귤을 이용해서 그림이나 숫자를 만들어보세요.

4

종이를 길게 잘라두고 종이 위에 귤을 몇 개 놓을 수 있을까 어림해서 맞춰 보세요.

종이를 여러 번
접어 가며 반의 개념을
알려주세요.

5

길었던 종이를 반으로 접으면 몇 개가 놓일까 아이가 어림하게 해 보고 직접 놓아보며 알아보세요.

6

A4 용지를 가로로 4등분 세로로 4등분한 뒤 아이와 모두 몇 칸인지 세어보세요. 아이의 나이에 따라 가로와 세로의 개수를 조절해주세요.

7

종이에 그려진 한 칸에 귤을 하나씩 올려주며 개수를 세어보세요.

8

종이에 귤을 모두 올려서 귤 피라미드를 만들어보세요.

층마다 몇 개인지
세어서 각층을 더하면
모두 몇 개가 되는지
알아보세요.

귤은 과육을 먹고 남은 껍질도 여러 가지로 이용할 수 있는 겨울철 과일입니다. 껍질을 넓게 펼쳐 말려보세요. 바싹 말린 귤 껍질은 양파망에 넣어서 방향제로 써보세요. 우리집만의 향긋한 방향제가 될 거예요.

👉 다양한 귤 활용 방법 검색어 : **귤껍질 활용법**

🐞 플러스 활동

모두 몇 조각일까?

귤은 분수를 알아보기에 알맞은 과일입니다. 껍질을 까며 아이와 '모두 몇 조각일까?', '한 개가 O개가 되었네!' 조잘조잘 아이와 이야기하면서 놀 수 있는 엄마표 교구를 만들어보세요. 펠트지나 색지로 귤 모양을 만들기만 하면 되는 초간단 엄마표 교구랍니다.

준비물: 펠트지, 가위, 목공용 풀

창의력 쑥쑥 교과놀이

12

⭐ 알록달록 쌀을 물들여 보자!

색깔 쌀로 장식하기 ⭐

[교과연계] 가을 2-2. 2단원 가을아 어디 있니 / 수학 3-1. 2단원 평면도형

준비물 ✂

- 쌀
- 안 쓰는 CD 케이스
- 목공용 풀
- 지점토
- 밀대
- 물감
- 종이컵
- 일회용 비닐백

쌀을 재료로 미술 놀이를 하는 이유는 먹거리와 좀 더 친숙해지기 위해서인 것 같아요. 추수시기인 가을은 아이들과 햅쌀을 사먹고 우리나라 주식인 쌀에 대해서 이야기해보기 좋은 시기지요. 묵은쌀이 있다면 조금 꺼내서 물감을 이용해 색을 물들이고 말려 그림을 그려보면 어떨까요? 쌀 한 톨이 그림 속에서 하나의 '점'이 되기 때문에 아이들에게 '점', '선', '면'에 대해서 알려주기에도 좋은 활동이랍니다.

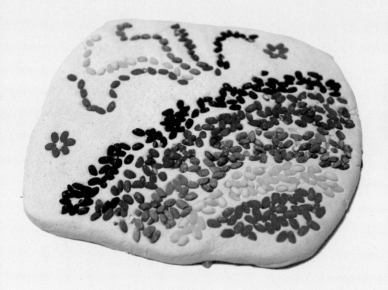

놀이 전 **초등교과 알고 가기** ⭕

'가을'하면 생각나는 풍경은 어떤 것인가요? 가을 교과서에 보면 가을을 연상하는 풍경으로 황금빛 논의 모습이 실려 있습니다. 가을이 오면 추수하러 체험학습을 가기도 하고 가을에 대해 알아보는 시간이 많아질 거예요. 요즘은 우리나라의 주된 먹거리였던 쌀을 대신하는 면, 빵 등이 식탁에 많이 올라오지요. 그래선지 쌀에 대한 소중함을 느끼지 못하는 것 같아요. 아이와 쌀로 미술 놀이를 하면서 옛날 우리 먹거리를 알아보고 현재의 먹거리와 비교해 보면서 우리나라에서 쌀이 얼마나 중요한지 생각해 볼 수 있는 시간을 가져보세요.

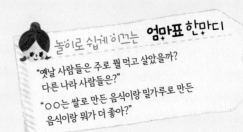

놀이로 쉽게 이끄는 **엄마표 한마디**

"옛날 사람들은 주로 뭘 먹고 살았을까? 다른 나라 사람들은?"

"○○는 쌀로 만든 음식이랑 밀가루로 만든 음식이랑 뭐가 더 좋아?"

함께 놀아보아요~!

1 종이컵에 쌀을 담고 물감을 부은 후 섞어서 색을 입혀줍니다.

쌀을 얻게 되는 과정을 알아보면 좋아요. 볍씨 ➡ 봄+모내기 ➡ 가을+추수(가을걷이)의 순서를 알려주세요. 자연관찰책을 함께 보는 것도 좋아요.

2 일회용 비닐백을 깔고 색깔을 입힌 쌀을 펼쳐서 잘 말려주세요.

3 지점토를 밀대로 밀어서 펼쳐줍니다.

4 지점토가 굳기 전에 색깔 쌀을 꾹꾹 눌러 붙여서 그림을 그려줍니다.

5 지점토를 그늘에서 잘 말려 준 뒤 색깔 쌀을 털어내면 완성!

6 이번엔 안 쓰는 CD 케이스에 목공용 풀로 그림을 그려준 뒤 그 위에 색깔 쌀을 뿌려줍니다.

7 바탕까지 색깔 쌀로 채워서 그림을 완성합니다.

좋아하는
모양은 뭐가
있을까?

색깔 쌀을 여유 있게 만들어두면 아이의 미술 재료로도 훌륭해요. 종이에 목공용 풀로 아이가 좋아하는 그림을 그리고 색깔 쌀을 뿌려 붙인 후 남은 색깔 쌀을 털어내면 멋진 작품이 완성돼요. 종이가 아닌 접착 우드락에 뿌려서 그림을 그려도 좋아요.

플러스 활동

곡물로 그림을 그려볼까?

가을의 대표 곡식에는 쌀 말고도 다양한 곡물이 있다는 것을 알려주고 곡물 모자이크를 만들어 보세요. 색지 위에 목공용 풀을 이용해서 다양한 곡식을 붙여서 아이만의 모자이크 그림을 완성합니다.

준비물 다양한 곡물, 색지, 목공용 풀

★ 과자 사람이 나타났다!
나와 똑같은 과자 인형 놀이 ★

[교과연계] 봄 2-1. 1단원 알쏭달쏭 나 / 수학 2-1. 5단원 분류하기

준비물 ✂

- 다양한 모양의 과자
- 종이 접시
- 도화지
- 색종이
- 풀
- 가위

아이들은 몸으로 표현하고 노는 것을 좋아해요. 다양한 몸짓을 해 보고 사람의 몸이 어떻게 움직이는지 알아보는 것도 재미있는 놀이가 될 거예요. 아이들이 좋아하는 과자를 이용해 몸 놀이를 해 보면 어떨까요? 아이나 엄마가 포즈를 취한 뒤 과자를 이용해서 똑같은 포즈를 한 과자 사람을 만들어보세요. 신나게 만들고 논 뒤 맛있게 먹으면서 과자파티를 하면 더 즐거운 시간이 될 거예요.

놀이 전 초등교과 알고 가기

놀이를 통해 반복적으로 분류 활동을 하다 보면 아이도 자연스레 자기만의 분류의 기준을 찾을 수 있게 돼요. 초등교과에서는 적절한 분류 기준을 찾을 수 있는지 확인해 보는 문제들이 나온답니다. 놀이를 통해 스스로 분류의 기준을 찾아보고 체득해 보았던 아이라면 교과 과정에서 나오는 분류와 관련된 문제들을 어렵지 않게 해결할 수 있어요.

놀이로 쉽게 이끄는 엄마표 한마디

"과자들이 모양도 다르고 색도 다르네!
또 다른 점이 뭐가 있을까?"

"우리 과자들을 비슷한 것끼리 모아 볼까?
○○는 왜 그렇게 모았어?"

"분류한 과자들로 엄마를 한 번 만들어볼까?"

함께 놀아보아요~!

> 엄마가 재미있는 동작을 하고 아이가 과자로 만들어도 좋아요.

1

여러 모양의 과자를 한 곳에 모아둡니다.

2

아이가 과자를 모양별로 접시에 분류해 볼 수 있도록 해주세요.

> **놀이로 이끄는 팁**
> 엄마 (네모 모양 과자를 아이 손등에 콕콕 눌러 주며) 이건 뾰족 뾰족한 곳이 있네! (동그란 모양의 과자를 아이 손등에 굴려주며) 이건 뾰족한 부분이 없네!

3

아이와 함께 재미있는 동작을 해 보세요. 아이가 표현한 동작을 과자로 표현해 볼까요?

4

동그란 과자로 머리, 길고 네모난 과자로 몸통을 만들어주세요.

5

막대 모양 과자로 팔과 다리, 손발도 만들 수 있습니다.

6

작은 과자로 얼굴 표정과 머리를 표현해주면 완성이에요.

물건 사람을 만들어 볼까?

과자를 이용한 활동이 부담된다면 색종이나 블록, 재활용품 등을 이용해 표현해 보세요! 다양한 물건으로 아이와 함께 이리저리 맞추어 재미있는 포즈의 물건 사람을 만들어보세요. 잡지책이나 신문의 사진 또는 그림을 이용해 콜라주 기법을 활용한 미술 놀이도 좋아요.

플러스 활동

뼈가 움직여요!

뼈 그림을 출력한 후 할핀으로 관절을 연결해 뼈 인형을 만들어 보세요. 마리오네트 인형처럼 끈을 연결하면 아이와 재미있는 놀이도 할 수 있답니다. 노래에 맞춰 신나게 춤을 추기도 하고 인형을 움직여 다양한 포즈도 취해 보며 재미있게 놀아 보세요.

👉 뼈 자료 검색어 : skeleton cut out printable

준비물 뼈자료 출력물, 가위, 할핀, 털실

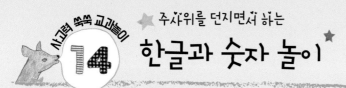

★ 주사위를 던지면서 하는
한글과 숫자 놀이 ★

[교과연계] 국어 1-1. 4단원 글자를 만들어요 / 국어 1-1. 6단원 받침이 있는 글자 / 수학 1-1. 3단원 덧셈과 뺄셈 / 수학 3-2. 6단원 자료의 정리

준비물 ✂

- 쌓기 블록
- 매직
- 도화지
- 양면테이프
- 모양 스티커
- 아이가 좋아하는 동화책
- 펜
- 가위

원목으로 만들어진 네모 모양의 블록은 쌓기 놀이뿐만 아니라 다양한 방법으로 활용이 가능하기 때문에 집에 하나씩 있어도 좋은 교구예요. 블록은 수 놀이와 도형 놀이도 할 수 있고 블록을 이어 붙이면 모양 블록으로 변신도 가능해요. 또 이번에 소개할 놀이처럼 한글 놀이에도 활용할 수 있어 활용만점의 블록이지요. 이번 놀이는 한글을 막 배우기 시작한 아이들과 해 보면 좋은 놀이입니다. 한글보다 수에 관심이 많은 아이라면 수와 연산부호를 써서 연산게임으로 활용해도 좋아요.

놀이 전 **초등교과 알고 가기**

초등 1학년은 1학기 동안 국어 1-1 가, 나 두 권의 교과서로 한글을 익히게 됩니다. 기존 국어 교과서로는 한글을 떼지 않고 학교에 입학한 경우 아이가 학교 수업만으로 한글을 떼기 힘들다는 의견이 반영되어 개정된 결과지요. 만약 아이가 유치원 때 한글을 알고 싶어하면 '학교가면 배워야 하니 몰라도 돼.'라고 해야 할까요? 한글이든 수학이든 아이가 배우고 싶어하는 때를 놓쳐서는 안 돼요. 아이가 뭐든 알고 싶어하고 관심 있어 할 때 엄마표 놀이로 신나게 놀아주세요.

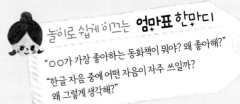

놀이로 십게 이끄는 **엄마표** 한마디

"○○가 가장 좋아하는 동화책이 뭐야? 왜 좋아해?"

"한글 자음 중에 어떤 자음이 자주 쓰일까? 왜 그렇게 생각해?"

함께 놀아보아요~!

복사기가 없으면 신문이나 잡지를 이용해도 좋아요.

1

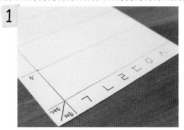

종이에 아이가 예상하는 '가장 많이 쓰일 것 같은 자음'을 써준 뒤 막대그래프를 만들 수 있도록 엄마가 칸을 그려줍니다.

2

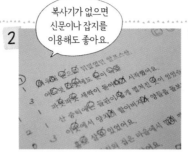

아이가 가장 좋아하는 책의 한쪽을 복사하고 어떤 자음이 가장 많이 쓰이는지 아이와 찾아 펜으로 표시한 뒤 수를 세어 보세요.

3

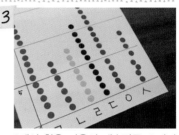

2에서 찾은 자음의 개수만큼 스티커를 붙여주세요. 아이는 놀이를 통해 그래프를 접해 볼 수 있습니다.

4

도화지를 블록 크기로 잘라준 뒤 모음 6개, 자음 6개를 적어주세요.

5

하나의 블록 각 면에 자음을 붙여주고 다른 한 개의 블록에는 각 면에 모음을 붙여주세요.

6

순서를 정해서 게임처럼 하면 좋아요.

아이와 순서를 정하고 블록을 던져서 나온 자음과 모음을 합쳐 글자를 만들고 그 글자로 시작하는 단어 말하기를 해 보세요.

7

또 다른 블록 하나에 받침으로 많이 쓰이는 자음들을 붙여주고 블록 세 개로 받침 있는 글자를 만들어보세요. 만든 글자가 들어가는 단어를 말하는 게임을 해도 좋아요.

숫자
주사위도
만들자!

수에 관심이 많은 아이라면 한글 대신 숫자를 적어 붙여보세요. 아이의 수준에 맞춰서 블록 두 개에 숫자를 적어 붙이고 나머지 하나에는 덧셈과 뺄셈 부호를 붙여줍니다. 곱셈을 아는 아이라면 곱셈 부호를 적어서 구구단을 외워도 좋습니다.

🐞 플러스 활동

글자 낚시를 해 볼까?

집에서 할 수 있는 한글 놀이는 무궁무진합니다. 구하기 어려운 준비물이 필요한 것도 아니고 블록이나 종이만 있으면 되는 활동들이 많아요! 아이와 막대에 끈을 매달고 끈의 끝에 자석을 달아 간단한 낚싯대를 만들어보세요. 종이에 모음과 자음을 적어 클립을 끼워주세요. 자석 막대를 이용해 글자 낚시 놀이를 해 보세요. 낚은 자음과 모음으로 글자를 만든 뒤 그 글자가 포함된 단어를 이야기해 보세요. 게임하듯 하다 보면 신나게 한글 공부를 할 수 있을 거예요.

준비물
자석, 막대, 끈, 종이, 펜, 클립(또는 집게)

창의력 쑥쑥 교과놀이

15

나는야 패션 디자이너!

종이 인형 놀이

[교과연계] 가을 2-2. 1단원 동네 한 바퀴

준비물 ✂

- 종이 인형 자료
- 도화지
- 여러 가지 천
- 가위
- 목공용 풀
- 펜

종이 인형은 아이들과 역할 놀이하기 참 좋은 놀잇감입니다. 종이 인형 자료는 인터넷에 검색해 보면 쉽게 구할 수 있습니다. 종이 인형은 출력해서 옷 갈아입히기 놀이도 좋고 다양한 인형들을 출력해서 아이와 상황을 연출해서 역할 놀이를 하기에도 그만입니다. 이런 기본 종이 인형 놀이 외에도 예쁜 천이 있다면 아이들과 천을 이용해 종이 인형 옷을 직접 만들어보는 것도 좋아요. 매일 아침 뭐 입을까 고민하는 멋쟁이 꼬마라면 이런 활동을 더 좋아하겠지요. 아이와 어떤 멋진 옷을 만들어 입힐지 지금 날씨에는 어떤 옷을 입으면 좋을지 날씨와 연관해서 적절한 옷차림에 대해서도 알아보는 시간을 가져보세요.

놀이 전 초등교과 알고 가기

2학년 가을 교과서는 1단원에서 우리 동네를 주제로 다양한 활동을 하게 됩니다. 그중 하나가 직업 놀이인데요. 아이들과 자주 어떤 직업이 있는지 알아보는 것이 좋아요. 엄마, 아빠 또는 친척들의 직업, 이웃의 직업들을 알아보면서 세상에는 다양한 직업이 있다는 것을 알아보면 좋답니다. 이번 놀이 속에는 패션 디자이너라는 직업을 알아 볼 수 있어요.

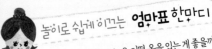

놀이로 쉽게 이끄는 **엄마표 한마디**

"오늘 날씨가 어때? 오늘은 어떤 옷을 입는 게 좋을까?"

"패션 디자이너가 뭔지 알아? 우리 인형 옷 디자인 해 볼까?"

함께 놀아보아요~!

1 종이 인형 자료를 출력합니다. 조금 두꺼운 종이에 출력하거나 출력한 종이를 마분지에 붙여주면 좋아요.

☞ 종이 인형 자료 검색어 :
paper doll printable

2 자른 인형 자료를 다른 종이 위에 두고 그림을 그린 후 잘라 옷본을 만들어줍니다.

3 자른 옷본을 천 위에 두고 따라 그린 후 잘라주세요.

> 옷은 어디서 만들어 지는지, 누가 만드는지 등 패션 디자이너에 대해서 이야기를 이야기를 나누며 활동하면 좋아요.

4 자른 천은 종이 인형에 목공용 풀로 붙여주세요.

5 티셔츠와 바지, 스카프 등 아이가 스스로 꾸밀 수 있게 해줍니다.

> 처음 친구를 만났을 때 등 여러 가지 상황을 만들어 놀아주면 좋아요.

6 아이가 만든 종이 인형에 이름을 붙여보고 역할 놀이를 해 보세요.

에릭칼이라는 유명한 동화책 작가의 작품 중 'Do you want to be my friend?'라는 작품이 있어요. 종이 인형 활동은 이 책을 읽고 독후 활동을 하기에 좋답니다. 아이가 만든 종이 인형을 들고 역할극을 하면서 책 속에 나오는 문장을 익혀 보세요!

플러스 활동

내가 만든 티셔츠 어때?

흰색 티셔츠에 아이가 직접 나만의 티셔츠를 디자인해 보면 어떨까요? 의미가 없는 그림이라도 티셔츠에 그려놓으면 정말 멋진 나만의 디자인이 된답니다. 아이가 자신만의 티셔츠를 입고 신나하는 모습을 볼 수 있을 거예요.

준비물 흰색 티셔츠, 패브릭 염색 물감

가을 하면 생각나는

우리집 가을 환경판 꾸미기

[교과연계] 가을 1-2. 2단원 현규의 추석 / 가을 2-2. 2단원 가을아 어디 있니

준비물

- 색깔 종이컵
- 매직(또는 네임펜)
- 가위
- 핑킹 가위
- 풀
- 색종이
- 도화지
- 양면테이프
- 색 하드 막대
- 색 성냥
- 목공용 풀

계절이 바뀔 때마다 아이들과 함께 집안을 계절에 맞게 꾸며보면 어떨까요? 유치원이나 학교처럼 우리 집만의 '환경판'을 만들어보는 거예요. 아이와 바뀌는 계절에 대해 이야기를 나누어보고 놀이하며 만든 작품을 전시해 보세요. 벽에 붙여두어도 좋고 붙일 공간이 없다면 스케치북에 붙여 전시해줘도 좋아요. 아이가 만든 가을 환경판을 보면서 가을을 마음껏 느껴 보세요.

놀이 전 초등교과 알고 가기

통합 교과서에는 분류하는 활동들이 자주 나온답니다. 그래서 아이만의 기준을 만들어보고 분류해 보는 활동은 자주 해 볼수록 좋아요. 각 계절마다 떠오르는 것들을 그려보고 기준을 세워서 여러 가지 방법으로 분류해 보면 생각의 힘도 커진답니다.

놀이로 쉽게 이끄는 엄마표 한마디

"가을 하면 생각나는 색이 뭘까? 왜 그 색이 생각났어?"

"우리 눈을 감고 가을 풍경을 그려볼까? 어떤 풍경을 그렸는지 말해볼래?"

1 가을 하면 떠오르는 것들을 적어보세요. 그림으로 표현해도 좋아요.

2 1에서 적은 글자를 잘라서 분류를 해보세요. 한글을 아직 떼지 않은 아이라면 한글 공부로도 좋아요.

3 색깔 종이컵을 8등분해 잘라주세요.

> 만든 단어카드는 버리지 말고 비닐백에 넣어두었다가 다른 가을 활동할 때 한 번 더 복습해주면 좋아요.

> 한글을 모르는 아이면 2번의 카드를 보고 따라 적어 볼 수 있도록 해주세요.

4 핑킹 가위로 종이컵의 끝을 잘라 꽃잎처럼 만들어주세요.

5 컵의 원 부분에는 2에서 분류해 둔 분류 기준을 적고 꽃잎 부분에는 관련된 단어들을 적어주세요.

6 도화지에 컵을 붙이고 색종이, 하드 막대, 색 성냥 등으로 꾸며 환경판을 완성합니다.

> 한글을 잘 쓰고 분류 활동을 잘 하는 아이라면 3번부터 놀이를 해주세요.

가을 노래
뭐가
있을까?

"노랗게 노랗게 물들었네~" 가을에 생각나는 동요들이 많이 있지요. 아이들과 미술 놀이할 때 손으로는 조물조물, 입으로는 신나게 가을 동요를 불러보세요. 부르다 보면 가을의 풍경이 눈으로 그려지는 좋은 노래들이 많이 있답니다.

▶ 가을과 관련된 동요 : 가을 길, 노을, 가을

플러스 활동

스티커 가을 나무

해가 지나 못쓰는 탁상용 캘린더가 있으면 도화지를 붙여서 아이들의 미술 작품들로 채워보면 어떨까요? 커피 슬리브를 잘라 나뭇가지를 만들고 나뭇잎 모양 스티커를 붙여서 가을나무를 표현해 보세요. 하나는 초록색 잎만 붙이고 다른 하나는 여러 가지 색깔의 잎을 붙여서 여름과 가을 나무를 표현해 보세요!

준비물 나뭇잎 스티커, 커피 슬리브, 도화지, 다 쓴 탁상용 캘린더, 풀, 가위

창의력 쑥쑥 교과놀이

17

★ 부글부글 끓어오르는

감자 화산 만들기 ★

[**교과연계**] 수학 2-1. 4단원 길이 재기 / 수학 3-2. 5단원 들이와 무게

준비물 ✂

- 빈 병
- 감자
- 요리용 저울
- 자
- 큰 그릇
- 감자 필러
- 도마
- 칼
- 과산화수소(소독약)

이번 활동은 요리 재료를 활용해 여러 가지 과목과 접목시킨 통합 놀이입니다. 수학과 과학, 요리까지 한 번에 활동할 수 있답니다. 이렇게 한 가지 주제에 대해 여러 가지 교과를 다양한 방법으로 접목하는 것이 통합교육이 아닐까 생각해요. 아이들과의 요리 활동은 실생활과 밀접한 수학, 과학을 알려주기에 정말 좋아요. 요리 활동은 준비하기가 힘든 만큼 자주는 아니더라도 아이와 함께 한 번씩 요리를 같이 해 보고 함께 만든 요리를 맛있게 먹으며 재미있는 시간을 가져 보세요.

놀이 전 **초등교과 알고 가기**

창의적인 인재양성을 위한 융합 교육이라는 취지에서 다양한 방법으로 교과를 편성하고 교과서도 개정되어 왔어요. 과거 아빠, 엄마가 배우던 주입식 교육에 비하면 교과서도 너무 재미있게 구성되어 있답니다. 아이들과 한 가지 주제에 대해 여러 가지 교과를 접목해 활동한다면 아이도 더 흥미롭게 놀이를 할 수 있을 거예요.

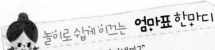

놀이로 쉽게 이끄는 **엄마표 한마디**

"길이와 무게는 어떻게 나타낼까?"
(여러 가지 물건을 가져와서 길이를 재어 보면 좋아요.)

"○○ 몸무게 알아? 직접 몸무게를 재볼까?"
(체중계가 있으면 좋아요.)

함께 놀아보아요~!

감자를 전자저울 위에 올려 무게를 재 보고 반을 잘라 길이도 재보세요.

감자를 필러로 깎아주세요.

> 아이가 감자필러를 쓸 때 손을 다치지 않도록 주의해야 해요.

깎은 감자는 채를 썰어 물에 담가둡니다.

> 깎은 감자는 전분을 빼기 위해 물에 담가둡니다. 물에 식초를 한두 방울 떨어뜨리면 갈변 현상도 막을 수 있어요.

> 아이가 화산을 떠올렸다면 관련된 과학 동화책을 보며 놀이를 확장해주세요.

빈 통에 감자 껍질을 넣어주세요. 통의 반 이상을 채워주세요.

과산화수소를 통에 부어주세요.

기포가 생기는 모습을 관찰하며 아이와 무엇이 생각나는지 이야기를 나누어보세요.

감자 요리를
해볼까?

아이가 활동을 통해 직접 감자를 잘라보고 갈변 현상에 대해서도 알아
보았습니다. 위험하다 생각하지 말고 주방에서 쓰이는 도구를 아이에
게 쥐어줘 보세요. 이런 활동을 통해 아이는 성취감을 느낄 수 있답니
다. 아이가 자른 감자를 튀
겨 맛있는 감자튀김 간식을 해 먹어도 좋
아요.

🐞 플러스 활동

산은 왜 생길까?

아이들과 지진에 대해서 알아보면서 산이 어떻
게 생기게 되었는지도 함께 알아보면 좋아요. 하
나의 주제에 대해서 확장해 나가는 사고력을 키
울 수 있으니 말이지요. 산의 형성이나 산맥에 관
련된 책이 있으면 찾아 읽어보고 지도 자료에 점
토를 이용해서 알아보는 활동도 해 보세요.

준비물 지도 자료, 색 점토

지도 우리나라 산맥

★ 수염이 달린
알이 꽉 찬 옥수수 만들기 ★

[교과연계] 여름 1-1. 2단원 여름 나라 / 과학 4-1. 3단원 식물의 한살이

준비물 ✂

- 구슬핀
- 캔버스 액자
- 크레파스
- 파스텔
- 연필

여름철 아이들이 제일 좋아하는 간식 중 하나는 옥수수예요. 알이 꽉 찬 옥수수를 아이들과 같이 껍질도 벗기고 수염도 뽑아보고 옥수수가 어떻게 생겼나 실제로 알아보는 것이 살아있는 교육이 아닐까 싶은데요. 아이들과 다듬은 옥수수는 쪄서 간식으로 맛있게 먹고 엄마와 함께 간단히 구슬핀을 꽂아서 미술 활동을 해 보면 어떨까요? 캔버스 액자를 이용해서 완성해두면 조금 더 멋진 아이만의 미술 작품을 만들어볼 수 있을 거예요.

놀이 전 **초등교과 알고 가기**

옥수수, 수박, 복숭아, 포도 등 아이들이 좋아하는 채소와 과일들이 나는 여름. 아이들과 간단히라도 채소와 과일을 주제로 활동해 보세요. 4계절을 주제로 한 통합교과서에서는 각 계절마다의 제철 음식도 소주제로 다루고 있기 때문에 매 계절마다 그 철의 음식들을 알아보면 좋답니다.

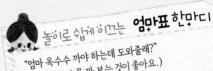

놀이로 쉽게 이끄는 **엄마표 한마디**

"엄마 옥수수 까야 하는데 도와줄래?"
(직접 옥수수를 까 보는 것이 좋아요.)

"왜 옥수수는 수염이 있을까?"
(옥수수가 나오는 자연관찰 책을 살펴보면 더 좋아요.)

1

직접 옥수수 껍질을 까 보며 옥수수를 관찰합니다.

2

캔버스 액자에 연필로 옥수수 그림을 그려줍니다. 따라 그리기 쉬운 옥수수 그림을 찾아보며 그려도 좋아요.

3

크레파스로 옥수수를 색칠해줍니다.

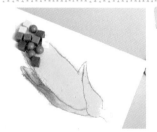

4

구슬핀을 꽂아서 옥수수 알을 표현해주세요. 구슬핀이 없으면 압정, 폼폼이 등 동그란 재료로 대신해도 됩니다.

5

바탕은 파스텔로 색칠하고 손으로 문질러서 표현해줍니다.

6

색종이를 잘라 옥수수 수염을 표현해주세요.

옥수수로
무엇을 만들
수 있을까?

아이와 옥수수로 무엇을 할 수 있는지 알아보세요. 옥수수를 활용한 다양한 제품들을 알아보고 아이와 옥수수를 이용해 만든 제품이 있는지 집안을 살펴보세요. 옥수수로 만든 놀잇감으로 재미있는 놀이도 해 보세요.

🐞 플러스 활동

옥수수로 만든 플레이콘

플레이콘은 물만 묻히면 붙는 신기한 미술 재료랍니다. 아이와 플레이콘을 이용해 만들기 놀이를 해 보세요. 아이에게 플레이콘을 주고 무엇으로 만든 놀잇감인지 알아맞혀보게 하세요. 옥수수를 이용해 아이들의 장난감이나 그릇, 수저 등 많은 것이 만들어진다는 것에 신기해 할 거예요.

준비물 종이 상자, 플레이콘, 물

19

삐삐 삐리삐리 삐삐삐삐!

상자 테트리스 놀이

[교과연계] 수학 2-1. 2단원 여러 가지 도형 / 수학 3-1. 2단원 평면도형 / 수학 4-1. 4단원 평면도형의 이동

준비물

- 도화지
- 자
- 펜
- 색연필
- 가위
- 쌓기 나무
- 즉석 피자 상자
- 투명 테이프

테트리스는 아빠, 엄마 세대에서는 추억의 게임이지요. 수학적인 개념에서 보면 테트리스는 크기가 같은 정사각형 4개를 변끼리 붙여 만든 다각형인 '테트리미노'를 이용해서 블록을 맞추는 퍼즐이에요. 간단한 게임에도 알고 보면 다양한 수학적 개념이 들어있답니다. 또한 게임을 통해서 도형 영역을 재미있게 배울 수 있다는 것이 신기하기만 합니다. 테트리스는 주어진 블록들을 회전시켜 블록을 맞춰나가는 게임이죠. 여기서 초등 4학년 때 배우게 되는 도형의 회전 개념이 나오게 되지요. 수학의 많은 영역 중에 특히 도형 영역은 손으로 많이 만지고 놀아본 아이들이 두각을 나타냅니다. 도형은 머릿속으로만 생각해서 풀어내기에는 한계가 있기 때문이지요. 집에 테트리스 게임이 없더라도 쌓기 나무를 붙여 테트리미노를 만들어 아이와 재미있게 놀아보세요.

놀이 전 **초등교과 알고 가기**

초등 4학년 때 아이들이 가장 어려워하는 단원이 4단원 '평면도형의 이동'이 아닐까 싶은데요. 우리 아이들은 가베, 쌓기 나무, 레고 등의 블록 놀이들을 워낙 즐겨 했던지라 두 녀석 다 무난하게 이 단원을 지나쳤던 기억이나요. 아이가 어리면 어릴수록 블록 놀이는 맘껏 하게 해주세요! 놀이하며 자연스럽게 손으로 익힐 수 있도록 말이지요. 테트리스 블록을 이리저리 돌리고 끼워 맞추기를 하면서 자연스럽게 초등수학에서 배우는 도형에 대한 감각을 익힐 수 있답니다.

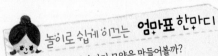

놀이로 쉽게 이끄는 **엄마표 한마디**

"쌓기 나무로 여러 가지 모양을 만들어볼까? 어떤 모양을 만들 수 있을까?"

"테트리스라는 게임 알아? 쌓기 나무로 테트리스 게임해 볼까?"

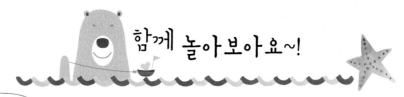

함께 놀아보아요~!

아이가 직접 자를 이용해 블록의 크기를 재본 후 그 크기에 맞는 그림을 그릴 수 있도록 도와주세요.

1 도화지에 펜으로 원목 블록 크기의 모눈종이를 그려줍니다.

2 칸을 채워서 만들 수 있는 모양을 색칠해 보게 합니다. 직접 쌓기 나무를 가지고 만들어보며 색칠하면 더 좋아요. 만든 모양은 가위로 잘라주세요.

3 쌓기 나무에 투명 테이프를 붙여서 자른 모양과 똑같은 테트리스 블록을 여러 개 만들어주세요.

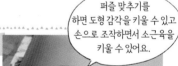

퍼즐 맞추기를 하면 도형 감각을 키울 수 있고 손으로 조작하면서 소근육을 키울 수 있어요.

4 즉석 피자 상자를 사진과 같이 잘라 주세요.

5 종이에 테트리스 블록 모양을 그려 붙여 게임용 주사위를 만듭니다. 별 모양을 하나 그려 그 면이 나오면 아이가 원하는 블록을 쓸 수 있게 규칙을 정해주세요.

6 주사위를 던져서 나오는 테트리스 블록을 피자 상자에 넣어서 퍼즐 맞추기를 합니다.

블록을
회전하고
뒤집어 보자!

아이가 만든 블록을 가지고 실제로 돌려보며 회전의 의미를 알아보세요. "오른쪽으로 돌리면 어떤 모양이 될까?", "왼쪽으로 돌리면?"과 같이 말하며 직접 블록을 돌려볼 수 있도록 해주세요. 뒤집기도 해보며 눈으로 블록의 모습이 어떻게 변하는지 관찰해 보세요. 각도를 아는 아이라면 오른쪽으로 90도, 180도 등 각도를 이용해서 돌려보세요.

플러스 활동

트로미노 쌓기

쌓기 나무는 투명 테이프 하나만 있어도 다양하게 활용할 수 있는 놀잇감입니다. 쌓기 나무 세 개를 'ㄱ' 모양으로 여러 개 만들어 아이와 쌓기 놀이를 해 보세요. 한 가지 모양의 블록으로 쌓아서 만들 수 있는 무궁무진한 모양에 깜짝 놀라게 될 거예요.

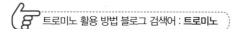
☞ 트로미노 활용 방법 블로그 검색어 : **트로미노**

준비물 쌓기 나무, 투명 테이프

★ 으악! 괴물이다 괴물!

괴물 인형 놀이 ★

[교과연계] 수학 1-1. 3단원 덧셈과 뺄셈 / 수학 3-1. 2단원 평면도형

준비물 ✂

- 색종이
- 눈 모양 스티커
- 수정액
- 연필
- 가위
- 풀
- 하드 막대
- 마분지
- 양면테이프

아이들의 상상력은 어디에서 올까요? 저는 단연코 책이라 생각합니다. 그래서 아이들이 어렸을 때부터 다양한 책들을 접할 수 있도록 책 놀이를 많이 했는데요. 괴물이 나오는 책은 어찌나 하나같이 다 좋아하고 재미있어 하는지 참으로 신기했지요. 이번에 소개하는 놀이는 아이들과 괴물 책을 읽고 간단히 하기 좋은 독후 활동입니다. 색종이를 가위질하니 소근육도 발달되고 아이들과 간단한 덧셈, 뺄셈도 재미있게 할 수 있어요. 아이만의 상상력으로 괴물도 그려보고 색종이로도 만들어보세요. 다 만든 괴물은 막대에 붙여서 가지고 놀 수도 있는 놀잇감으로 변신시켜 보세요.

놀이 전 초등교과 알고 가기

수학은 아이들과 놀이 속에서 익히면 더 쉽고 재미있게 접근할 수 있습니다. 1에서 9까지의 수 개념이 확실하다면 아이들과 간단히 스티커 붙이기, 블록 세기 등을 통해 더하기, 빼기 개념을 익혀보세요. 학습지보다는 아이들과 미술 놀이를 통해 수학을 간단히 익히면 지겨워하지 않고 재미있게 수 활동을 할 수 있을 거예요.

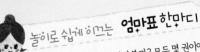

놀이로 쉽게 이끄는 엄마표 한마디

"우리 집에 있는 괴물 책 다 가져와볼까? 모두 몇 권이야?"

"와! 이렇게나 많았네! 책에 나오는 괴물들을 따라 그려볼까?"

함께 놀아보아요~!

1 아이만의 괴물을 그려보게 하세요. 색종이에 그리기 전 빈 종이에 그려 보게 합니다.

> 관련 책을 보고 따라 그려 보면 아이디어를 얻을 수 있어요.

2 색종이를 반 접고 연필로 그리고 싶은 괴물의 모습을 반만 그려줍니다.

3 가위로 연필 선을 따라 잘라주세요. 자른 후 펼쳐서 나오는 모습을 보고 대칭의 개념을 알려주세요.

> 대칭이란 점, 선, 면을 중심으로 서로 마주보며 짝을 이루는 것을 의미해요.

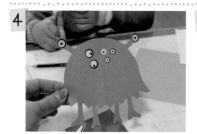

4 자른 색종이를 펼쳐서 눈 모양 스티커를 대칭이 되도록 붙여주거나 아이가 자유롭게 붙일 수 있도록 해주세요.

5 아이와 눈알, 다리 개수 등을 세면서 대칭되는 것과 아닌 것들을 살펴보세요.

6 눈, 다리 등의 개수를 세면서 덧셈식을 적어 보세요.

눈 5개에 2개를 더하면?

아이와 수를 세는 것에서 그치지 말고 덧셈식과 뺄셈식을 적어 보세요. 직접 만든 괴물 인형을 손가락으로 세어보고 식으로 적어 보며 간단한 연산을 해 보세요.

🐞 플러스 활동

나만의 괴물을 만들자!

인터넷을 검색하다 보면 좋은 자료들이 많이 있어요. 엄마가 준비한 자료에 아이가 색종이를 자르고 붙여서 괴물을 완성해 보세요. 자료를 출력하는 번거로움이 있지만 준비한 만큼 아이들이 재미있게 활동한다면 엄마의 수고도 보람으로 느껴지겠지요.

👉 괴물 자료 검색어 : monster free printable

준비물 괴물 자료, 종이, 색종이, 풀, 가위

★ 무한한 호기심 천국!

우주를 만들어볼까? ★

[교과연계] 수학 1–1. 1단원 9까지의 수 / 수학 4–1. 1단원 큰 수 / 과학 5–1. 3단원 태양계와 별

준비물 ✂

- 우드락 2개
- 검은색 종이
- 투명테이프
- 태양계 자료
- 수정액
- 풀
- 가위
- 양면테이프
- 색골판지(우드락 크기)
- 필기도구

유아기 때 아이들의 호기심은 최고인 것 같습니다. 지구, 우주 등 어려운 주제들을 유치원 시기에는 왜 그렇게 신기해하고 알고 싶어 했을까요? 아이들의 호기심을 채우기 위해서는 다양한 방법으로 놀이를 해주는 것이 좋습니다. 책만 읽는 것보다는 자신이 알고 있는 지식을 그림으로 표현해 보면 좋아요. 큰 종이에 자신이 알고 있는 우주를 꾸며서 신나게 놀이를 해 보세요. 다 놀고 나면 다시 접어 넣을 수 있는 큰 책을 만들어볼까요?

놀이 전 초등교과 알고 가기

수학의 큰 수 단원에서는 다양한 예를 통해 큰 수를 배우는데요. 여러 나라의 수출금액, 태양계 등 사회, 과학을 비롯한 다른 과목의 지식과 연계하여 배우게 된답니다. 따라서 아이들이 다양한 주제를 접해 볼 수 있도록 다양한 영역의 독서가 필요해요.

놀이로 쉽게 이끄는 엄마표 한마디

"○○야, 혹시 태양계 순서 알아?"

"그럼, 지구에서 태양까지 거리는 얼마나 될까?"

함께 놀아보아요~!

준비한 태양계 자료를 자르고 각 행성의 이름을 써서 잘라둡니다. 영어를 좋아하는 아이라면 영어로 행성의 이름을 적어주세요.

우드락 두 개를 테이프로 붙여 이어주세요.

검은색 종이를 우드락에 붙이고 1에서 잘라둔 자료를 붙여주세요. 태양계의 순서를 익히며 붙여주세요.

> 태양, 수성, 금성, 지구, 화성, 목성, 토성, 천왕성, 해왕성 순으로 붙여주세요.

> 어릴 때 아이들의 그림이나 글을 보관해두면 커서 자신의 작품을 보고 재미있어 한답니다.

수정액과 펜을 이용해 태양계를 꾸며줍니다. 태양과의 거리도 적어주며 큰 수를 알아보세요. 어린 아이라면 행성의 순서를 익히며 작은 수와 순서 수를 익힐 수 있어요.

종이를 주머니 모양으로 잘라 붙여서 아이가 만든 자료들을 보관해주세요.

우드락 앞면에 색골판지를 붙여주고 검은색 종이에 제목을 써서 잘라 붙여 큰 책을 완성합니다.

우리 노래로
태양계 순서
알아볼까?

유튜브에 '태양계 노래'를 검색하면 재미있는 노래들이 많이 있어요. 아이들과 영상자료를 보며 태양계를 쉽고 재미있게 알아보세요. 영어를 좋아하는 아이라면 영어로 된 노래를 검색해서 아이와 재미있게 불러보세요.

▶ 태양계 영어 노래 검색어 : Solar System Song

플러스 활동

칫솔로 뿌려 그리자!

도화지에 별 모양으로 오린 종이를 두고 칫솔로 물감을 뿌려 우주를 표현해 보세요. 아이가 그린 태양계 그림이 있다면 오려 붙여도 좋아요. 별 모양의 종이를 치우면 하얗게 별 모양이 표현돼요. 이처럼 간단한 미술 놀이를 통해 우주를 표현해 보세요.

준비물
도화지, 못 쓰는 칫솔, 물감, 가위

22 ★ 알록달록 예쁜 색깔의

밀가루 수제비 만들기 ★

[교과연계] 수학 2-1. 4단원 길이 재기 / 수학 3-2. 5단원 들이와 무게

준비물 ✂

- 멸치육수
- 밀가루
- 색깔 물(당근, 시금치, 치자)
- 애호박
- 당근
- 감자
- 플라스틱 칼
- 감자 필러
- 도마
- 큰 그릇
- 체
- 요리용 저울
- 쿠키용 틀

최근 교과 과정이 실생활에서 쓰이는 수학이나 과학을 배우고 활용하는 쪽으로 바뀌어 가고 있습니다. 이런 변화는 너무나 당연한 것이겠지요. 실생활과 밀접한 수학과 과학을 배운다면 아이들도 좀 더 그 과목에 관심을 가지고 재미있게 배울 수 있을 테니까요. 아이들과 집에서 간단한 요리 활동을 통해서 실생활에 쓰이는 것들을 알려주면 어떨까요? 요리 활동은 아이들이 가장 좋아하는 활동 중의 하나가 아닐까 싶은데요. 손으로 직접 재료를 만지고 냄새를 맡고 맛을 보며 오감으로 할 수 있는 놀이가 바로 요리예요. 아이와 색깔 물을 이용해 밀가루 반죽을 하고 직접 만든 요리를 먹으며 행복한 시간을 가져 보세요.

놀이 전 초등교과 알고 가기

수학의 측정 영역은 아이가 직접 해 보아야 쉽게 이해할 수 있어요. 어떤 물건을 어떤 단위를 사용해야 하는지 손으로 직접 알아보는 것만큼 쉬운 접근은 없을 테니까요. 실생활에서 측정이 가장 많이 이루어지는 곳이 바로 부엌이 아닐까요? 야채를 몇 cm 정도로 썰어야 하는지, 밀가루는 몇 g 이나 넣어야 하는지 등 아이와 함께 요리활동을 하면서 자연스럽게 측정과 관련된 활동을 해 보세요.

놀이로 쉽게 이끄는 엄마표 한마디

"밀가루로 만든 음식은 뭐가 있을까?"

"밀가루에 색깔을 넣을 수 있을까? 어떻게?"

함께 놀아보아요~!

1 밀가루로 만들 수 있는 음식들이 뭐가 있는지 알아보고 밀가루 포장지를 살펴보세요.

> 포장지 앞면에 중력, 박력, 강력분 표시가 있고 어떤 음식을 만들 수 있는지 적혀 있어요.

2 준비한 색깔 물을 보고 어떤 재료로 만들어졌을까 추측해 보세요.

> 색깔 물은 당근과 시금치에 물을 섞어 믹서에 갈고, 치자를 물에 넣어두면 노란색이 우러나옵니다.

3 가루를 체에 쳐서 저울에 무게를 재보세요. 체를 치다 보면 점점 변화하는 무게를 볼 수 있어요.

4 색깔 물을 넣어서 밀가루를 반죽합니다. 색깔 물을 조금씩 넣으며 색이 바뀌는 반죽을 관찰해 보세요.

5 준비한 야채를 썰어주세요. 몇 cm로 재료를 썰지 자를 이용해서 알려 주세요. 플라스틱 칼을 이용해 손이 다치지 않도록 해주세요.

6 반죽한 밀가루를 넓게 펼친 후 쿠키용 틀을 이용해 수제비 반죽을 만들어주세요. 잘라둔 야채를 멸치육수에 넣고 끓이고 야채가 익을 때쯤 반죽을 넣어 익힌 후 맛있게 먹어요.

밀가루
한 봉지는
몇 g일까?

아이들과 요리 활동을 할 때는 재료의 단위를 알아보면 좋아요. 아이들과 마트나 시장에 함께 장을 보러 가서 물건들의 용량을 확인하는 활동을 해도 좋겠지요. 수학은 우리 실생활에서 직접 겪어가며 익히는 것이 가장 좋아요.

🐞 플러스 활동

콩고물 경단 만들기

밀가루로 요리를 해 보았다면 이번엔 찹쌀가루를 이용해서 경단을 만들어볼까요? 따뜻한 물에 찹쌀가루를 익반죽해서 동글동글하게 만든 후 끓는 물에 넣어 건져 조청, 콩가루를 묻혀 먹으면 아이들 간식으로도 안성맞춤이랍니다.

준비물 찹쌀가루, 콩가루, 조청, 소금

⭐ 겨울에 잠자는
동물들과 숨바꼭질하기 ⭐

[교과연계] 겨울 2-2. 2단원 겨울 탐정대의 친구 찾기

준비물 ✂

- 물티슈 캡
- 도화지
- 색종이
- 음료 슬리브
- 겨울잠 자는 동물 자료
- 풀
- 가위
- 파스텔
- 눈꽃모양 펀치
- 색연필
- 네임펜
- 휴지
- 띠골판지

우리 아이들이 좋아하는 동화책 중 하나는 '아기 곰의 가을 나들이'라는 책인데요. 추운 겨울이 오기 전 아기 곰이 엄마 곰과 함께 겨울을 나기 위해 먹이를 찾아 먹고 혼자서 사냥에도 성공하는 이야기랍니다. 이 이야기를 읽다 보면 자연스럽게 겨울잠에 관해 이야기도 나누고 동물들과 사람은 어떻게 다른지 등을 이야기해 볼 수 있지요. 가을에 아이들과 가까운 산으로 나들이를 가보세요. 산책하는 동안 주변에 떨어진 도토리, 밤송이 등을 보고 자연스럽게 동물들의 먹이에 대해 이야기 나눌 수 있게 된답니다. 날씨가 점점 더 추워지면 그 많던 동물들은 다 어디로 가는 것인지 아이의 호기심을 자극해 보세요. 사람과는 다른 동물들의 다양한 겨울나기 모습을 이야기해보며 즐거운 놀이 시간을 가져 보세요.

놀이 전 **초등교과 알고 가기**

2학년 겨울 교과서에서는 동물과 식물의 겨울나기를 중점적으로 다루고 있습니다. 겨울잠 자는 동물들과 식물들의 겨울나기를 자세히 알아보고 있는데요. 날씨가 추워지면 아이들과 겨울잠 자는 동물들에 대한 책을 읽어보고 동물들의 겨울나기 방법을 이야기해 보세요.

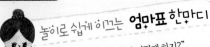

놀이로 쉽게 이끄는 **엄마표 한마디**

"사람들은 날씨가 추워지면 어떻게 하지?"
"추운 날씨가 오면 동물들은 어떻게 할까?"

함께 놀아보아요~!

물티슈를 다 쓰면 캡만 뜯어서 모아두면 좋아요.

1

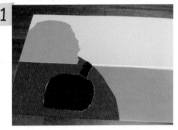

도화지와 색종이를 잘라 붙여 동굴과 땅굴, 호수를 표현해주세요.

2

음료 슬리브를 잘라서 나무를 표현해 주세요.

3

물티슈 캡을 겨울잠을 자는 장소 위 쪽에 붙여주세요.

4

휴지를 뜯어 나뭇가지 등에 풀로 붙여 눈을 표현해주세요.

5

파스텔로 하늘을 색칠해 주고 눈꽃 모양 펀치로 눈꽃을 만들어 붙여주세요.

6

겨울잠을 자는 동물 자료를 색칠해 잘라주세요.

☞ 겨울잠 자는 동물 자료 검색어 :
animal hibernation worksheet

겨울잠 자는 동물들 : 뱀(땅 속), 개구리, 거북이(진흙 속), 다람쥐 (나무 속), 곰(동굴 속)

7

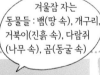

색종이에 겨울잠을 자는 동물들과 장소를 적어둡니다. 영어를 좋아하는 아이면 영어로 적어도 좋아요.

8

아이와 어떤 동물이 어디에서 겨울잠을 자는지 맞혀 보고 알맞은 곳을 찾아 글자 카드와 그림 카드를 넣어주세요.

겨울잠 자는 동물들은 또 누가 있을까?

활동에서 나온 동물 말고 또 누가 겨울잠을 자는지 알아보세요. 겨울잠을 자지 않는 동물들은 어떻게 겨울을 나는지 함께 알아보면 더 좋아요. 동물 말고 식물은 또 어떻게 겨울을 나는지 관련 책이 있으면 찾아보고 이야기를 나누어보세요.

🐞 플러스 활동

휴지 눈이 내려요

색 도화지에 색종이로 눈사람을 접어 붙여주고 색종이를 찢거나 잘라 눈사람의 목도리와 모자 등을 꾸며줍니다. 펜으로 재미있는 얼굴도 그려주어 눈사람을 완성해주세요. 눈이 내린 풍경은 휴지를 찢어 넓게 붙여주고, 눈송이는 작게 찢은 후 돌돌 말아 표현해주세요. 아이들이 일상생활에서 자주 쓰는 물건 중의 하나인 휴지를 이용해 미술 놀이를 하면 더 흥미로워 할 거예요. 휴지를 이용해서 눈이 내리는 재미있는 겨울풍경을 만들어보세요.

준비물: 색 도화지, 색종이, 가위, 풀, 휴지, 펜

⭐ 봄에 오는 손님!
보슬보슬 봄비 그리기 ⭐

[교과연계] 봄 1-1. 2단원 도란도란 봄 동산 / 봄 2-1. 2단원 봄이 오면 / 수학 3-1. 6단원 분수와 소수

준비물 ✂️

- 8절 양면 색상지
- 색종이
- 가위
- 풀
- 흰색 물감
- 못 쓰는 칫솔
- 도화지
- 네임펜(매직)
- 색연필

봄에 내리는 봄비는 반가운 비지요. 새싹이 자라고 새 잎이 돋는 봄에는 누구나 비를 반기고 기다리는데요. 아이와 봄의 비를 느껴보고 왜 봄에 비가 내려야 하는지 우리 생활과 밀접한 비에 대해서 알아볼까요? 또, 계절마다 내리는 비는 어떻게 다른지 우리 생활과 어떤 연관이 있는지 등을 생각해 보세요. 아이들과 날씨에 관해 알아보는 활동도 봄비가 내리는 계절에 딱이예요. 여름 장마와 봄비는 무엇이 다르고 가을의 비와도 어떻게 다른지, 느낌은 어떤지 아이와 많은 이야기를 나누어보세요.

놀이 전 초등교과 알고 가기

색종이 접기만큼 분수를 알기 쉬운 활동은 없어요. 종이를 접고 자르면서 하나가 여러 조각이 되는 것을 통해 분수를 자연스럽게 접할 수 있어요. 종이접기는 도형을 알기에도 도움이 되고 아이들의 소근육 발달에도 도움이 된답니다. 하루에 조금씩이라도 꾸준히 종이접기를 해보면 어떨까요?

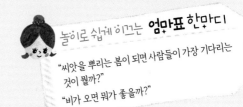

놀이로 쉽게 이끄는 **엄마표 한마디**

"씨앗을 뿌리는 봄이 되면 사람들이 가장 기다리는 것이 뭘까?"
"비가 오면 뭐가 좋을까?"

함께 놀아보아요~!

1 4등분한 양면 색상지 2장을 이어 붙여서 아코디언 접기를 합니다.

2 칫솔에 흰색 물감을 묻혀 색상지 위에 뿌려주세요.

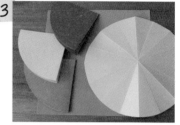

3 색종이를 4등분해서 접은 뒤 부채꼴 모양으로 자르고 펼쳐 16등분으로 접어줍니다. 4등분 ⇨ 8등분 ⇨ 16등분 순으로 접어주면 됩니다.

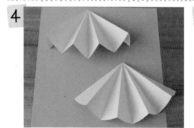

4 접은 원을 반을 자르고 아코디언 접기를 합니다. 색종이 우산이 될 거예요.

5 4의 색종이를 색상지의 중심선에 맞추고 접혀진 부분의 첫 장과 마지막 장을 뒤로 넘겨 풀칠해서 붙여주세요.

6 우산을 들고 있는 모습과 우산 손잡이를 도화지에 그리고 색칠한 후 잘라주세요.

7 색종이 우산 중심에 맞춰 손잡이와 사람을 붙여주세요.

8 펜이나 크레파스 등으로 배경 그림을 그려주면 완성이에요.

이슬비 내리는 이른 아침에

"이슬비 내리는 이른 아침에 우산 셋이 나란히 걸어갑니다~"
아이들과 신나게 동요를 부르며 놀이를 해 보면 어떨까요? 우산과 관련된 노래도 좋고 비와 관련된 노래도 좋아요. 아이와 신나게 부르며 활동하세요.

▶ 비와 관련된 동요 : 비(작사 : 이슬기), 우산(작사 : 윤석중)

플러스 활동

세상에 하나뿐인 우산

일회용 투명 우산과 투명 우비가 있다면 아이와 그림을 그려서 세상에 하나뿐인 우비와 우산을 만들어보면 어떨까요? 오일 파스텔(또는 매직)로 그림을 그리고 색칠해서 아이만의 우비와 우산을 완성해 보세요.

준비물 투명우산 & 우비, 오일 파스텔(또는 매직)

★ 뭐든지 만들 수 있는

신기한 블록 놀이

[교과연계] 국어 1–1. 4단원 글자를 만들어요 / 수학 1–1. 2단원 여러 가지 모양

준비물 ✂

- 쌓기 나무
- 색종이
- 자
- 펜
- 가위
- 풀

저희 집에는 블록들이 참 많습니다. 아이들이 어렸을 때부터 손으로 만지고 노는 조형 영역을 좋아해서 신기한 것이 있으면 하나 둘 사서 모으다 보니 그 종류도 많은데요. 많은 블록 놀잇감 중 가장 만만하기도 하고 아이들과 가장 잘 사용하는 것이 바로 '쌓기 나무'가 아닌가 싶습니다. 어린 아이라면 자석이 들어있는 블록을 활용하면 좋겠지요. 블록은 평면뿐만 아니라 입체로도 만들 수 있어 그 활용도가 무궁무진한데요. 이번 놀이는 단순히 가지고 노는 것이 아니라 쌓기 나무에 색을 입혀서 아이와 무엇인가를 만들어보는 활동입니다. 아이 혼자 쌓기 나무를 이렇게 저렇게 놓아보면서 주어진 만들기 과제를 해결하다 보면 생각하는 능력도 쑥쑥 커질 거예요.

놀이 전 **초등교과 알고 가기**

쌓기 나무나 블록을 이용한 놀이들은 아이들이 소근육을 이용해야 해서 두뇌발달에 아주 좋아요. 아이가 알아야 할 글자나 숫자를 이런 블록들을 이용해서 공부한다면 조금 더 재미있게 할 수 있겠지요. 아이가 어릴수록 놀이로 국어, 수학 등에 접근해주세요.

놀이로 쉽게 이끄는 **엄마표 한마디**

"(쌓기 나무를 만지며) 이렇게 생긴 블록들이 있네! 무슨 모양처럼 생겼어?"

"여기다 색을 입혀서 퍼즐 만들기 해볼까? 어떤 색을 입힐까?"

함께 놀아보아요~!

1

색종이를 쌓기 나무 한 면의 크기에 맞춰 잘라주세요.

2

1에서 만든 색종이의 일부는 대각선으로 잘라 삼각형으로 준비해주세요.

3

1과 2의 색종이를 쌓기 나무 하나에 한 장씩만 붙여 여러 개를 준비해주세요.

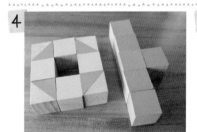

4

쌓기 나무로 아이가 만들고 싶은 글자를 만들고 그 글자가 들어가는 낱말을 말해 보세요.

5

쌓기 나무로 숫자도 만들어보세요. 숫자를 만들어 덧셈, 뺄셈 놀이를 해도 좋아요.

6

쌓기 나무를 이용해서 다양한 무늬를 만들 수도 있어요.

누가 먼저
규칙을
만들어볼까?

아이와 만든 쌓기 나무를 이용해서 규칙을 만들어보세요. 반복되는 규칙을 찾는 활동은 1학년 수학 '규칙 찾기' 단원에서도 다루고 있는 내용이랍니다. 아이와 함께 규칙을 만들어보고 아이가 곧잘 하면 점점 난이도를 높여서 여러 가지 규칙을 만들어보세요.

🐞 플러스 활동

반복하니 멋져지네!

쌓기 나무 없이 색종이만 있어도 다양한 놀이를 할 수 있어요. 색종이를 정사각형, 직사각형, 정삼각형 등 여러 가지 모양으로 잘라 반복 무늬 만들기를 해 보세요. 한 가지 모양만으로도 재미있는 무늬를 만들 수 있답니다. 종이를 이리 저리 맞추며 무늬를 만들다보면 아이의 창의력도 쑥쑥 자랄 거예요.

준비물 색종이, 가위, 풀, 종이

26

⭐ 입으로 후후 불어 그리는 가을!

가을 숲속 그리기 ⭐

[교과연계] 가을 1-2. 2단원 현규의 가을 / 가을 2-2. 2단원 가을아 어디 있니?

준비물 ✂

- 도화지
- 지끈
- 물감
- 물약병
- 빨대
- 풀
- 가위
- 사인펜
- 파스텔

가을 찬바람이 불어올 때 아이들과 길을 걷다 낙엽이 떨어지는 모습도 구경하고 낙엽도 주워본 적 있을 거예요. 아이들과 낙엽 놀이를 하고 들어 온 날 종이에 가을의 색을 이용해서 재미있는 놀이를 해 보면 어떨까요? 아이들과 가을하면 떠오르는 색을 물감을 섞어 만들어보세요. 만든 물감을 떨어뜨리고 빨대로 후후 불어 신나는 미술 놀이를 해 보세요. 또, 가을 숲을 그리고 숲에 사는 동물들을 조그맣게 그려서 숨바꼭질하듯 붙여주세요. 간단하지만 재미있는 가을 그림 그리기 활동이 될 거예요.

놀이 전 초등교과 알고 가기

아이들과 가을 숲에 대해서 이야기하다 보면 왜 가을이 되면 나뭇잎이 떨어지는지, 가을 숲에 사는 동물들은 무엇을 하는지 알아보기 좋을 거예요. 식물과 동물의 겨울나기를 자연스럽게 연관시켜 알려주세요.

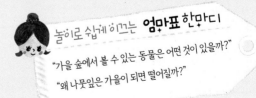

놀이로 쉽게 이끄는 엄마표 한마디

"가을 숲에서 볼 수 있는 동물은 어떤 것이 있을까?"

"왜 나뭇잎은 가을이 되면 떨어질까?"

함께 놀아보아요~!

1 지끈을 풀고 찢은 후 도화지에 풀로 붙여 나무를 표현합니다.

2 가을하면 생각나는 색을 이야기하고 물약병에 물감을 넣어주세요.

3 물약병에 물을 넣고 흔들어 가을색 물감을 만들어주세요. 입구가 좁은 약병에 어떻게 하면 물을 넣을 수 있을지 아이와 이야기 나누며 방법을 찾아보세요.

4 물약병에 담긴 물감을 도화지 위에 떨어뜨려주세요.

5 빨대로 후후 불어 나뭇잎을 표현합니다. 어두운 색 물감은 사용하지 않아야 더 예쁜 작품을 만들 수 있어요.

6 종이에 가을 숲에서 볼 수 있는 동물 친구들을 그려줍니다. 동물을 반만 그리면 나무 뒤에 숨어 있는 모습을 표현할 수 있어요.

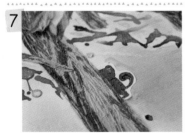

7 파스텔로 바탕을 색칠하고 6에서 그린 동물 친구들을 붙여주면 가을 숲 그림 완성!

가을 숲에는 누가 살까?

아이와 가을 숲에 살고 있는 동물들을 떠올려보고 이야기를 나누어보세요. 가을 동안 동물들은 무슨 일을 할지, 뭘 먹을지 등을 이야기 나누며 그림을 그려주면 좋아요. 동물의 먹이, 겨울잠 자는 동물 등 이야깃거리가 무궁무진하답니다.

플러스 활동

가을 시화전

신문의 광고나 사진 중에 가을 느낌이 나는 부분을 나뭇잎 모양으로 잘라 붙여서 가을 나무를 만들어보세요. 신문으로 가을 나무를 꾸미고 가을과 관련된 시를 지어 적어 보세요. 간단한 활동이지만 완성품은 가을 느낌이 물씬 나는 아이만의 훌륭한 작품이 될 거예요!

준비물: 신문지, 가위, 풀, A4용지, 펜(연필)

참의력 쑥쑥 교과놀이

27

★ 겹겹이 쌓으면 더 맛있지!

나는야 밥 버거 요리사 ★

[교과연계] 과학 4-1. 2단원 지층과 화석

준비물 ✂

- 다진 소고기
- 다진 야채
  (양파, 당근, 버섯 등 집에
  있는 재료를 활용하세요.)
- 두부(생략 가능)
- 후추
- 소금
- 믹싱볼 큰 것
- 밥
- 김가루
- 일회용 비닐 장갑

아이들과 즐겁게 놀이도 하고 한 끼도 해결할 수 있는 엄마표 놀이 어떠세요? 요리활동은 너무 좋지만 재료 준비 등 신경 쓸 것이 많아서 꺼려지는 엄마표 놀이 중 하나지요. 이번 활동은 특별한 요리재료를 준비할 필요 없이 집에 다진 고기만 있다면 야채 몇 가지를 다지고 섞어서 간단히 만들어 먹을 수 있는 활동이에요. 아이들과 눈과 코로 재료를 탐색하고, 손으로 재료를 조물조물 만져본 후 귀로 아이들이 만든 재료가 팬에서 지글지글 구워지는 소리를 들어보세요. 마지막으로 자신이 만든 음식을 입으로 맛보면 완벽한 오감 놀이가 되겠지요.

놀이 전 초등교과 알고 가기

과학은 초등 3학년부터 배우게 됩니다. 하지만 유치원 시기 아이들의 호기심은 초등 시기보다 더 많은 것 같아요. 초등 때 배우게 될 내용이라도 요리처럼 아이들이 친숙하게 활동할 수 있는 것으로 연계해 활동해 보세요! 오늘은 밥 버거를 만들어 아이와 겹겹이 쌓여있는 지층을 표현해 보고 맛있게 먹으며 과학 활동을 해 보세요.

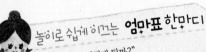

놀이로 쉽게 이끄는 엄마표 한마디

"흙이 쌓이고 쌓이면 어떻게 될까?"
(여러 가지 지층의 사진 자료 등을 보여주면 좋아요.)

"지층처럼 겹겹이 쌓여있는 음식이 있을까?
우리도 만들어볼까?"

함께 놀아보아요~!

1 엄마가 준비한 재료들을 눈으로 보고 코로 냄새를 맡으며 이름을 맞혀 보세요.

2 일회용 비닐 장갑을 끼고 다진 야채와 소금, 후추를 다진 고기에 넣어줍니다.

3 두부는 물기를 뺀 후 으깨서 넣어주세요.

4 재료들을 손으로 조물조물 해 반죽을 만들어주세요.

5 만든 반죽을 동글동글하게 빚어주세요.

6 팬에 기름을 두르고 납작하게 구워줍니다.

> 뜨거운 기름을 사용하니 엄마가 해주세요. 기름이 튈 수 있으니 적당한 안전거리를 확보해 주는 것도 잊지마세요.

7 밥에 김가루를 섞어서 납작하게 만들고 밥 사이에 6에서 만든 고기를 끼워 밥 버거를 완성해주세요.

8 아이들과 맛있게 먹으면 엄마표 과학 요리시간 끝!

아이들은
호기심
대장?

유아기 아이들은 호기심이 무궁무진합니다. 이러한 호기심을 충족시켜 줄 수 있는 것이 다양한 체험이겠지요. 하지만 모든 것을 체험해 볼 수는 없어요. 그래서 활용할 수 있는 것이 바로 아이들용 교육 프로그램입니다. 아이와 함께 프로그램을 시청하고 프로그램 속에 나온 활동들을 따라해 보는 것입니다.

▶ 과학 활동에 도움이 되는 콘텐츠 : EBS Why
   최고다! 호기심딱지, MBC 엄마는 마법사

🐞 플러스 활동

잡아당기고 밀면 어떻게 될까?

아이들에게 사진 자료를 활용하여 다양한 모양의 지층을 보여주세요. "왜 지층이 생길까?" 아이들에게 질문도 해 보고 관련 책이 있다면 같이 읽어보면 좋아요. 집에 우드락이 있으면 아이와 엄마가 함께 잡아당기고 밀어서 휘어지거나 끊어지는 지층의 모습을 표현해 보세요.

준비물 우드락

28 나는야 상점주인!
한글을 파는 가게

[교과연계] 가을 1-2. 2단원 현규의 추석 / 가을 2-2. 2단원 가을아 어디 있니 / 국어 1-1. 4단원 글자를 만들어요

준비물

- 과자 상자
- 우드락
- 펠트지(또는 부직포)
- 양면테이프
- 목공용 풀
- 도화지
- 네임펜
- 가위
- 작은 플라스틱 통
- 글루건

가게 놀이는 파는 물건이 무엇이든 아이들은 깔깔대며 재미있게 할 수 있는 엄마표 놀이예요. 시중에 판매되는 가게 놀이 장난감들도 많지만 엄마가 직접 만들어준 가게로 아이들과 여러 가지로 활용 가능한 놀이를 해 보면 어떨까요? 시중에 판매되는 것은 놀 수 있는 영역이 한정되어 있지만 엄마표 놀이는 엄마가 어떻게 활용하느냐에 따라 그 놀이 방법이 다양하답니다. 가을의 열매를 알아보고 한글로도 써보고 아이가 직접 가을 열매를 파는 가게 주인이 되어 엄마와 주거니 받거니 가게 놀이를 해 보세요.

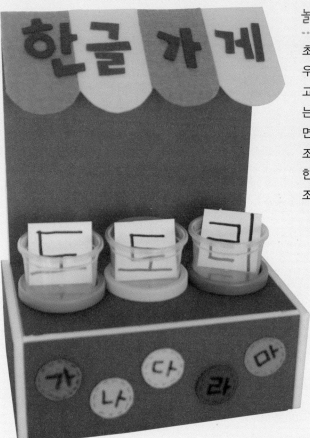

놀이 전 초등교과 알고 가기

초등 1학년 1학기 국어 시간에 한글을 집중적으로 배우게 됩니다. 한 학기 동안 한글을 중점적으로 배우고 1학년 1학기 국어 마지막 단원에서 그림일기를 쓰는 것으로 마무리가 된답니다. 한글은 배우기 쉽다면 쉽고, 어렵다면 어려운 과목 같아요. 아이에 따라 조금씩 다르겠지만 가게 놀이를 이용해서 재미있게 한글놀이를 하며 한글에 익숙해진다면 학교 수업이 조금이라도 더 편해지지 않을까 싶습니다.

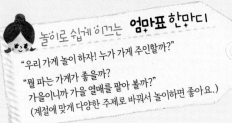

놀이로 쉽게 익히는 엄마표 한마디

"우리 가게 놀이 하자! 누가 가게 주인할까?"

"뭘 파는 가게가 좋을까?
가을이니까 가을 열매를 팔아 볼까?"
(계절에 맞게 다양한 주제로 바꿔서 놀이하면 좋아요.)

함께 놀아보아요~!

우드락을 과자 상자 가로 길이에 맞춰 자르고 세로는 과자 상자의 길이보다 3배 정도의 길이로 잘라 과자 상자에 붙여주세요.

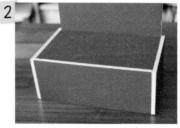

과자 상자 크기에 맞춰서 우드락을 잘라 과자 상자를 감싸 붙여주세요.

우드락을 작게 자르고 부직포를 잘라 붙여 지붕을 꾸며줍니다.

아이와 가게 이름을 정해서 펠트지를 이용해 글자를 잘라 붙여주세요.

작은 플라스틱 통을 과자 상자 위에 놓고 글루건으로 붙여주세요. 없으면 플라스틱 병뚜껑 등으로 대신해도 좋아요.

아이와 가을 열매에 대해 이야기해 보고 도화지를 작게 잘라 글자를 써줍니다.

아이와 가게 놀이를 하면서 가을 열매 글자를 알아보세요.

아이가 만든 글자 카드로 재미있는 말도 만들어보세요.

도토리
한 개
주세요!

'도토리 한 개 주세요!'

'네~, 100원입니다!'

아이들과의 놀이 속에 실제로 쓰이는 돈을 가지고 직접 계산하도록 해 보세요. 놀이용 돈도 마트에 그리 비싸지 않은 금액으로 판매가 되니 놀이용 돈을 사용해도 좋겠지요. 아이가 돈을 받고 계산을 하고 거슬러 주는 활동 속에서 큰 수를 익힐 수 있답니다.

플러스 활동

글자를 요리조리 맞추어요

낱말 상자 만들기(248쪽)를 활용해서 글자 퍼즐을 만들어보세요. 아이와 공부할 글자를 도화지에 써서 붙인 후 이리저리 돌리면 아이가 직접 낱말을 만들 수 있답니다.

준비물 정육면체 전개도 자료, 마분지, 도화지, 펜, 가위, 풀

★ 언제라도 받고 싶은

꽃다발 만들기 ★

[교과연계] 봄 1-1. 2단원 도란도란 봄 동산 / 봄 2-1. 2단원 봄이 오면

준비물 ✂

- 흰색 크레파스
- 물감
- 도화지
- 압정
- 가위
- 풀
- 도일리 페이퍼
- 우드락
- 펠트지(또는 부직포)
- 목공용 풀
- 꾸미기 단추
- 리본 끈
- 색종이

그림을 그리는 방법은 여러 가지입니다. 크레파스로 평범하게 색칠만 하지 말고 흰색 크레파스로 흰 도화지에 마음대로 그림을 그려볼까요? 그 위에 수채 물감으로 칠하면 나만의 특별한 종이를 만들 수 있어요. 아이가 만든 종이를 이용해서 멋진 만들기 활동을 해 보세요. 꽃도 좋고 나무도 좋고 아이가 만든 종이를 맘껏 이용해 봄을 표현해 보세요. 아이가 만든 작품은 우드락을 이용해 액자처럼 꾸며주세요. 완성 작품이 조금 더 멋져 보이게 해줄 거예요.

놀이 전 **초등교과 알고 가기**

아이와 계절의 변화에 맞춰 놀이를 하다 보면 자연스럽게 우리 생활과 연관된 것이 많아요. 계절의 변화에 따른 날씨가 우리 생활과 밀접하기 때문이겠지요. 날씨가 포근해지면 아이들과 봄에만 볼 수 있는 것들이 무엇이 있을까 이야기 나누어보세요. 각 계절마다 느낄 수 있는 특별함을 찾는 재미가 있을 거예요.

놀이로 쉽게 이끄는 **엄마표** 한마디

"봄이 오면 어떤 꽃이 필까?"
"우리 봄꽃으로 꽃다발을 만들어보면 어떨까?"

함께 놀아보아요~!

1 흰색이나 연한 색깔의 크레파스로 도화지에 그림을 그려주세요.

2 수채화 물감으로 그 위를 색칠해줍니다. 1에서 그려놓은 흰색 크레파스에는 물감이 칠해지지 않으면서 비밀그림이 드러납니다.

3 도화지를 말린 후 길게 잘라 접은 후. 꽃잎 모양으로 잘라주세요.

4 우드락에 펠트지를 붙여주세요.

5 도일리 페이퍼의 양옆을 모아 접어붙여주세요.

6 3에서 자른 종이를 여러 장 겹쳐 압정을 꽂아줍니다.

7 6의 종이를 펼쳐주면 꽃모양이 나와요. 꽃다발이 풍성해지도록 여러 개만들어주세요.

8 목공용 풀로 압정에 꾸미기 단추를붙이고 색종이를 잎 모양으로 잘라붙여주세요. 예쁜 꽃다발이 완성되었어요.

언제 꽃다발을 선물하는 걸까?

아이와 꽃다발은 언제 주고받는 것인지 이야기를 나누어보세요. 축하의 의미에 대해서 알아보고 어떤 일로 축하받고 싶은지, 또 축하해주고 싶었던 일은 없었는지, 꽃다발을 선물해 주고 싶은 사람은 없는지 아이와 이야기 나누며 활동해 보세요.

🐞 플러스 활동

풀로 그린 비밀 그림

크레파스 대신 목공용 풀로 밑그림을 그려보세요. 목공용 풀이 다 마르면 그림이 사라진답니다. 물감으로 도화지를 색칠하면 짜잔~하고 나타나는 신기한 비밀 그림이에요. 아이가 그리고 싶은 것을 정해 목공용 풀로 그림을 그리고 말린 후 색칠해 재미있는 미술 놀이를 해 보세요.

준비물 목공용 풀, 도화지, 물감 재료

신문 속 증거를 찾아라 ★

[교과연계] 국어 1-1. 7단원 생각을 나타내요 / 국어 1-2. 3단원 문장으로 표현해요

준비물 ✂

- 신문
- 종이
- 풀
- 가위

저희 아이들이 좋아하던 동화책 중 하나는 '낱말 수집가 맥스'라는 책인데요. 형들의 우표, 동전 모으는 취미를 부러워하던 동생 맥스가 자신은 뭘 모을 수 있을까 고민하다 낱말을 모으기 시작해요. 낱말들을 모으다 재미있는 문장을 만들고 결국에는 이야기까지 만들게 되자 동생의 낱말 모으기를 비웃던 형들도 함께 참여하며 낱말로 이야기를 함께 만들게 되는 이야기랍니다. 낱말을 이용해 재미있는 이야기를 만들어 가는 맥스처럼 저희 아이들도 이 책을 읽고 신문 속의 낱말들을 모아 재미있는 문장 만들기도 해 보고 자신이 좋아하는 낱말들을 찾아보기도 했어요. 신문을 가지고 노는 일은 아이들과 함께 하기 어렵지 않으니 간단하게라도 아이와 함께 해 보면 어떨까요? 한글에 관심 있는 아이라면 더 재미있게 할 수 있는 엄마표 활동이 될 거예요.

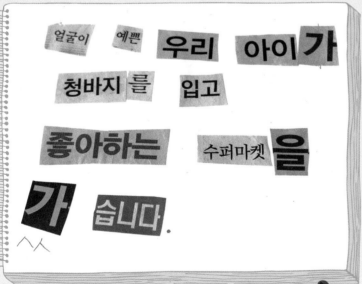

얼굴이　예쁜　**우리**　**아이가**
청바지를　**입고**
좋아하는　수퍼마켓**을**
가습니다.
∧∧

놀이 전 **초등교과 알고 가기**

신문은 딱딱해 보이지만 아이들과 간단한 활동을 할 수 있는 좋은 도구예요. 신문에 나오는 글자들이나 낱말, 문장, 사진 등 많은 것을 활용하면 아이와 간단하고 쉽게 국어활동을 할 수 있어요. 또, 신문에서 오린 글자나 낱말들을 배치해 보면서 자연스럽게 문장을 만들어보고 다양한 표현들을 알아볼수 있어요. 자칫 딱딱해지기 쉬운 국어를 재미있는 놀이로 접근해 볼까요?

놀이로 쉽게 이끄는 **엄마표 한마디**

"(신문을 보여주며) 이게 뭔지 알아?"

"신문을 왜 보는 걸까?"

함께 놀아보아요~!

1

신문기사에서 제목과 사진을 따로 잘라 도화지에 붙인 후 아이가 글자와 사진을 살펴보게 합니다.

2

연관되어 있는 사진과 제목을 펜으로 이어주세요. 한글을 모르는 아이는 엄마가 제목을 읽어주세요.

3

제목을 따라 쓰면서 한글도 배울 수 있어요.

4

신문을 보고 아이가 맘에 드는 글자나 단어를 찾아보세요. 엄마는 재미있는 낱말 글자들을 미리 잘라 준비해 두고 아이가 고르는 낱말과 함께 섞어서 놀이하세요.

5

아이가 고른 낱말과 글자를 두고 어떤 문장을 만들지 생각해 보세요.

> 아이가 고른 낱말들을 이어 문장을 만들며 큰소리로 읽어보면 이상한 부분이나 잘못된 것을 찾을 수 있어요.

6

종이에 고른 낱말들로 문장을 만들어 종이에 붙여보세요.

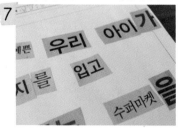

7

조사나 말이 안 되는 부분은 엄마가 신문에서 오려 붙여 문장을 완성합니다.

이야기를
만들 수
있을까?

문장 만들기를 여러 번 하면 아이와 이야기도 재미있게 꾸밀 수 있을 거예요. 신문에 다양한 표현의 낱말들을 잘라서 모아둔 후에 낱말 수집가 맥스처럼 아이와 함께 이야기 꾸미기를 해 보세요.

플러스 활동

선물을 골라 볼까?

아이들과 특별한 날 가족에게 선물하고 싶은 것을 전단지에서 찾아보세요. 설날, 명절이나 가족들의 생일에 누구에게, 어떤 선물을, 왜 해주고 싶은지 이야기를 나눠보고 간단히 도화지에 붙여 활동해 보세요.

준비물: 전단지, 색 도화지, 가위, 풀, 펜

★ 내 모습이 달라 보이네!

팝아트 그림 그리기 ★

준비물 ✂

- 흰무지 캔버스 액자 2개
  (12cm×12cm)
- 아이 사진
- 먹지
- 펜
- 매직펜(네임펜)
- 면봉
- 물감

아이가 커가는 모습을 매년 앨범으로 만들어 남기셨죠? 아이들의 모습을 아이와 함께 직접 그려서 작품으로 남기는 것도 색다른 추억이 되는 것 같아요. 캔버스 액자는 문구점에서 다양한 크기로 팔고 있으니 구입하면 돼요. 가장 작은 12×12 사이즈의 캔버스에 아이의 사진을 그려주고 팝아트처럼 재미있게 색칠해 보세요. 그냥 단순하게 그림 그리고 채색하는 것보다는 아이들과 명화에 대해 이야기를 나누어 보고 아이의 모습을 팝아트처럼 색다르게 그려보는 것이지요. 이런 활동을 통해서 아이들에게 명화라는 새로운 주제에 접근해 볼 수 있고 아이들의 관심을 이끌어 낼 수 있답니다.

놀이 전 초등교과 알고 가기

아이의 창의력은 다양한 방법으로 표현하는 것을 직접 해 보거나 책이나 영상물, 체험 등을 통해서 경험해 봐야 발현이 되는 것 같아요. 다양한 표현력을 요구하는 초등 교과 과정에 맞춰 다양한 미술활동을 해 보고 창의적 표현력을 키워보도록 해요.

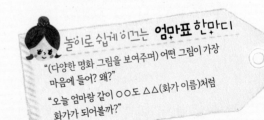

놀이로 쉽게 이끄는 엄마표 한마디

"(다양한 명화 그림을 보여주며) 어떤 그림이 가장 마음에 들어? 왜?"
"오늘 엄마랑 같이 ○○도 △△(화가 이름)처럼 화가가 되어볼까?"

함께 놀아보아요~!

같은 방법으로 한 장 더 준비해주세요.

1

아이의 사진을 캔버스액자 사이즈에 맞춰 출력합니다.

2

캔버스 액자에 먹지를 놓고 출력한 사진을 올려 따라 그려줍니다.

3

매직으로 선을 좀 더 진하게 그려줍니다. 아이가 어리면 엄마가 해주세요.

4

하나의 캔버스는 면봉을 이용해서 물감을 콕콕 찍어 색칠해 점묘화 느낌으로 그림을 완성합니다.

5

또 다른 캔버스는 물감을 진하게 색칠해주세요.

6

다 마르면 매직으로 선을 다시 그려서 선명하게 표현해주세요.

7

5에서 물감으로 칠한 액자에는 아이와 재미있게 무늬를 그려 넣어 팝아트 느낌으로 완성합니다.

네 모습을
그림으로
보니까 어때?

아이와 자신의 모습이 그려진 그림을 보고 느낌이 어떤지 이야기를 나누어보세요. 자신의 얼굴이 앤디 워홀의 작품처럼 멋지게 완성된 것을 보고 기분 좋게 활동을 마무리할 수 있을 거예요.

🐞 플러스 활동

나도 반 고흐처럼!

아이가 그림을 곧잘 그린다면 명화 따라 그리기에 도전해 보세요. 명화 밑그림은 엄마가 먹지를 대고 그려 준비하고 아이가 오일 파스텔로 유화를 그리듯 그려서 아이만의 명화를 완성해 보세요. 어려워하면 엄마와 함께 그려서 작품을 완성해 보세요.

👉 반 고흐 작품 자료 블로그 검색어 : 반 고흐

준비물 캔버스 액자, 먹지, 명화 따라 그리기 자료, 펜, 오일 파스텔

사고력 쑥쑥 교과놀이

32

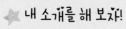
★ 내 소개를 해 보자!

신문으로 자기 소개 포스터 만들기 ★

[교과연계] 봄 1-1. 1단원 학교에 가면 / 봄 2-1. 1단원 알쏭달쏭 나 / 국어 1-2. 4단원 바른 자세로 말해요 / 국어 2-1. 2단원 자신 있게 말해요

준비물

- 신문
- 가위
- 풀
- 도화지
- 양면 색상지
- 색연필
- 펜

신문은 활용법을 알면 참으로 좋은 엄마표 활동의 재료가 됩니다. 한글 공부하기에도 이만한 재료가 없지요. 한글 공부뿐만 아니라 다양한 방법으로 활용이 가능한데요. 오늘은 신문 속에 있는 사진, 그림, 글자 등에서 아이가 좋아하는 것들을 오려서 그걸로 자기를 소개하는 포스터를 만들어볼까요? 포스터가 뭔지는 몰라도 엄마와 같이 활동하다 보면 아이도 비슷하게 만들 거예요. 한글을 모르는 아이는 그림과 사진 자료만으로도 가능하니 도전해 보세요. 아이가 고른 사진과 글자들을 보고 왜 골랐는지 물어도 보고 서로 고른 것들을 칭찬도 해주면서 종이에 붙여 꾸며보세요. 완성하고 나면 그럴싸한 소개 포스터가 될 거예요.

놀이 전 초등교과 알고 가기

학기 초에는 자기 소개할 일이 많지요. 아이와 신문을 활용해서 자기 소개 포스터를 만들어보고 집에서 자기 소개를 미리 해 보는 거예요. 발표는 누구에게나 어려운 것임을 알려주고 아이의 발표 모습을 격려해주어 쑥스러움을 조금이라도 없앨 수 있도록 해주세요.

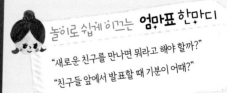

놀이로 쉽게 이끄는 **엄마표 한마디**

"새로운 친구를 만나면 뭐라고 해야 할까?"
"친구들 앞에서 발표할 때 기분이 어때?"

함께 놀아보아요~!

1

신문을 살펴보고 신문 속에 어떤 것들이 들어 있는지 이야기를 나누어보세요.

2

신문 속에 마음에 드는 낱말, 문장, 사진 등을 잘라주세요.

3

아이가 자른 것들을 보고 왜 골랐는지 이야기 나누며 자기 소개에 쓸 것만 골라 다시 예쁘게 잘라주세요.

4

도화지에 신문에서 자른 사진, 글자 등을 배치해 붙여주세요.

5

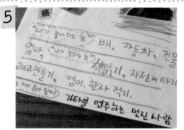

펜으로 아랫부분에 아이가 좋아하는 것 등 아이가 적고 싶어 하는 것을 적어주세요. 한글을 적기 힘들어 하면 엄마가 대신 해주세요.

6

양면 색상지에 제목을 써서 붙여 포스터처럼 꾸며 줍니다.

나를
소개
합니다.

아이가 만든 포스터를 보고 직접 자기 소개를 해 보는 시간을 가져 보세요. 집에 마이크가 있으면 마이크를 잡고 좀 더 근사한 포즈로 해 보면 좋겠지요. 학교에 입학하면 자기 소개나 수업시간에 발표할 일이 많아지니 집에서 엄마와 미리 연습해 보면 좋아요.

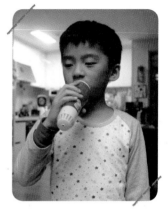

플러스 활동

다 모아 봅시다!

신문은 활용도가 무궁무진합니다. 아이와 신문을 가지고 계절이나 명절과 관련된 사진, 글자 찾기 활동도 좋아요. 명절이나 특별한 일이 있는 시기에 신문을 이용해 아이에게 어떤 주제와 관련된 글, 사진, 그림 등을 찾아보게 하세요. 아이는 신문을 살피며 집중력도 키우고 다양한 글을 읽어보게 된답니다.

준비물 : 신문, 양면 색상지, 풀, 가위, 펜

33

ㄱㄴㄷ 기차가 칙칙폭폭~!
한글 기차 놀이

[교과연계] 국어 1-1. 2단원 재미있게 ㄱㄴㄷ, 4단원 글자를 만들어요 / 국어 1-2. 2단원 소리와 모양을 흉내 내요 / 국어 2-2. 3단원 말의 재미를 찾아서

준비물 ✂

- 지점토
- 찍기 틀
- 물감
- 니스
- 고무 자석&자석 칠판
  (생략 가능)

초등 1학년 1학기 국어 교과서가 바뀌면서 한글을 가르치는 횟수가 많아졌습니다. 하지만 학교에서의 한글 교육을 믿고 전혀 한글을 접해보지 못한 상태로 입학을 시키면 아이가 학교생활을 제대로 해나갈 수 있을지 걱정이 되기도 해요. 완벽하게 한글을 떼지는 않더라도 아이와 한글 놀이를 통해서 어느 정도 한글을 익힌 후 입학하면 도움이 되겠지요. 한글은 처음부터 학습지로 접하기보다는 재미있는 놀이로 익히는 것이 거부감을 줄일 수 있어요. 아이들과 점토를 조물조물하고 찍기 틀로 찍어서 한글 글자 블록을 만들어 가지고 놀다 보면 아이도 거부감 없이 자연스럽게 한글을 익힐 수 있을 거예요.

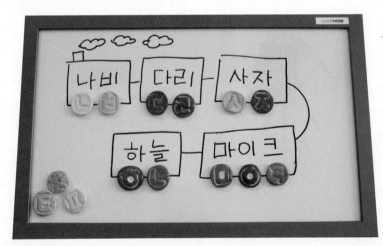

놀이 전 **초등교과 알고 가기**

아주 어린 아이들은 보통 통문자로 한글을 익히지만 36개월 이상의 아이들은 자음과 모음의 조합을 이용해 한글의 원리를 가르쳐주면 쉽게 깨우칩니다. 초등학교 1학년 첫 국어시간에 배우는 것도 자음과 모음의 조합이랍니다. 아이와 지점토로 한글을 찍어 자석 블록을 만든 후 이리저리 맞춰보면서 재미있게 놀이로 다가가 보면 어떨까요?

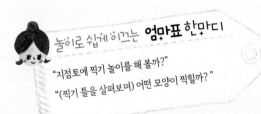

놀이로 쉽게 이끄는 **엄마표 한마디**

"지점토에 찍기 놀이를 해 볼까?"

"(찍기 틀을 살펴보며) 어떤 모양이 찍힐까?"

함께 놀아보아요~!

1
지점토를 동글동글하게 빚어 손으로 납작하게 눌러 주세요.

2
1에서 누른 지점토를 찍기틀로 찍어 주세요.

3
그늘에 지점토를 말린 후 물감을 칠해주세요.

4
물감이 마르면 니스를 칠하고 다시 말려주세요.

5
지점토의 뒷면에 고무자석을 붙여주세요.

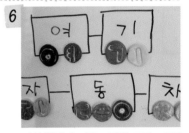

6
자석 칠판에 기차 그림을 그리고 5의 지점토를 바퀴처럼 붙여주면 글자 기차 완성!

> 고무 자석이나 자석 칠판이 없다면 흰 도화지를 이용해도 좋아요.

초성놀이
해볼까?

자석 칠판이 있으면 뒷면에 고무 자석을 붙인 후 칠판에 붙여서 놀이를 해 보세요. 자석이 없다면 도화지에 간단히 그림을 그려서 해도 됩니다. 아이와 함께 순서를 바꿔가 며 초성을 붙여주고 어떤 낱말이 들어갈까 생각해 보고 적어보 세요.

🐞 플러스 활동

스탬프를 찍어 글자를 만들어요

아이들은 놀이 준비물에 조금이라도 색다른 것이 있으면 놀이에 초집중을 하게 되지요. 한글 놀이도 다양한 재료를 사용해 놀아보세요. 다양한 방법으로 놀이를 한다면 아이도 엄마도 지겹지 않게 놀이할 수 있답니다.

준비물: 한글 스탬프, 스탬프잉크, 종이

34

⭐ 알록달록 눈꽃이 내려요!

예쁜 눈 모양 그리기 ⭐

[교과연계] 겨울 1-2. 2단원 우리의 겨울 / 겨울 2-2. 2단원 겨울 탐정대의 친구 찾기

준비물 ✂

- 한지
- 놀이용 식용 색소
- 스포이트(또는 물약병)
- 가위

아이들과의 미술 놀이는 붓이나 크레파스 등 자주 접하는 것으로 편하게 그리는 것도 좋지만, 가끔은 색다른 재료나 도구를 이용해도 좋아요. 이번 놀이는 식용 색소와 과학실험에 쓰이는 스포이트를 이용한 놀이입니다. 아이들과 식품 첨가물의 유해성에 대해서도 알아보고 식용 색소를 이용해서 미술 놀이를 해 보세요. 스포이트를 이용해 색깔 물을 떨어뜨리는 놀이이기 때문에 아직 소근육이 완전히 발달되지 않은 어린 아이도 그리 어렵지 않답니다. 아이와 함께 색이 퍼지는 모습도 관찰하고 아이가 만든 색깔 종이를 말려 종이접기를 해 완성작품을 겨울동안 전시해 주세요.

놀이 전 초등교과 알고 가기

겨울에는 추운 날씨 때문에 집에 있는 시간이 많은 만큼 실내에서 할 수 있는 놀이들을 많이 알아두면 좋아요. 겨울과 관련된 것들로 종이접기를 해서 작은 책을 만들어보세요. 종이접기 모음집을 만들어 방학숙제로 제출해도 좋겠지요.

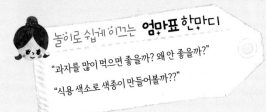

놀이로 쉽게 이끄는 **엄마표 한마디**

"과자를 많이 먹으면 좋을까? 왜 안 좋을까?"

"식용 색소로 색종이 만들어볼까??"

함께 놀아보아요~!

식용 색소를 각각의 색별로 물에 풀어 준비해주세요.

스포이트를 이용해 식용 색소를 한지 위에 떨어뜨려줍니다. 한지는 매우 얇으므로 밑에 다른 종이를 받쳐주세요.

식용 색소가 한지에 퍼지는 모습을 관찰해요. 여러 색을 떨어뜨리면 색이 섞이며 번지는 모습이 신기하답니다.

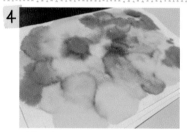

식용 색소로 물들인 한지를 말려줍니다.

한지를 정사각형으로 자르고 눈꽃 결정 모양으로 잘라줍니다.

☞ 종이접기 검색어 : 눈꽃 결정 만들기

자른 한지를 펼쳐 창문에 붙여서 장식해주세요.

색깔 있는 눈이 내리면 어떨까?

겨울에 내리는 하얀색 눈이 색깔이 있으면 어떨까요? 만약 색이 있다면 어떤 색 눈이 내릴까요? 아이들과 색깔을 물들인 종이로 눈꽃을 접으며 엉뚱한 질문을 해 보세요. 엄마의 상상을 뛰어넘는 아이의 엉뚱 발랄한 대답을 듣고 재미있는 상상의 세계로 떠나 보세요.

플러스 활동

기름과 물은 섞일까?

물과 기름은 같은 액체인데 섞으면 어떻게 될지 아이와 이야기를 나누고 직접 식용 색소를 푼 물을 식용유에 떨어뜨려 확인해 보세요. 식용유 속에서 색소 물이 동그랗게 떠다니는 모습을 보면 아이들은 신기해 할 거예요. 물과 기름은 섞이지 않는다는 것을 알려주세요. 이처럼 실생활에서 간단한 재료로 재미있는 과학실험을 할 수 있답니다.

준비물 작은 컵, 식용유, 스포이트, 색소 물

식용 색소가 없으면 물감으로 대신해도 됩니다.

★ 무지개 다리를 건너요!

견우와 직녀 이야기 꾸미기 ★

[교과연계] 여름 1-1. 2단원 여름 나라 / 여름 2-1. 2단원 초록이의 여름 여행 / 국어 1-2. 10단원 인물의 말과 행동을 상상해요

준비물 ✂

- 커피 필터
- 그릇 2개
- 도화지
- 수성 사인펜
- 색연필
- 가위
- 풀
- 네임펜
- 과자 상자
- 색골판지
- 양면 색상지
- 쌓기 나무 2개
- 스테이플러

여름에는 견우와 직녀가 만나는 칠석날이 있지요. 저희 아이들은 견우와 직녀에 관한 옛 이야기를 통해 칠석날을 알게 되었어요. 아이들과 함께 명절과 관련된 이야기책을 읽어 주는 것도 계절의 변화를 알게 하는 방법 중의 하나가 아닐까 싶어요. 아이와 견우와 직녀 이야기를 읽어보고 까마귀가 만들어준 다리 대신 간단한 과학 놀이를 겸한 무지개 다리를 만들어 놀아보면 어떨까요? 커피 필터를 이용해서 색이 번지는 것도 관찰하고 아이가 만든 이야기책의 주인공을 이용하여 이야기 꾸미기 놀이도 재미있게 해 보세요.

놀이 전 **초등교과 알고 가기**

개정된 초등교과서는 아이들이 이야기를 희곡으로 바꾸는 데 그치지 않고 체험 중심의 연극 활동을 중요시하는 방향으로 바뀌었습니다. 주입식보다 몸으로 표현하고 느끼는 교육으로 많이 바뀌어 자신의 이야기를 발표하고, 모둠으로 이야기를 꾸미며서 극을 만들어보는 활동들이 많아졌답니다. 간단하게나마 아이와 함께 이야기를 만들어 놀이를 해 보세요.

▶ 도움 되는 책 : 칠월 칠석 견우직녀 이야기 / 비룡소

 놀이로 쉽게 이끄는 **엄마표 한마디**

"여름에는 어떤 명절이 있을까?"

"혹시 견우와 직녀라고 들어봤어? 우리 옛 이야기책 읽어볼까?"

1

커피 필터 두 장을 스테이플러로 겹쳐 찍고 수성 사인펜을 활용해 무지개색으로 선을 그려줍니다. 아이와 무지개색 순서를 말해보며 색을 칠해보세요.

2

그릇 두 군데에 물을 담고 커피필터 양쪽 끝을 조금만 담가주세요. 물로 인해 색이 번지는 모습을 관찰하며 어떻게 색이 번지는지 이야기를 나누어보세요.

3

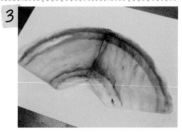

색이 모두 번지면 꺼내 말려주세요. 다 마르면 스테이플러를 떼어 내고 풀을 붙여 이어줍니다.

4

과자 상자를 사진처럼 뚜껑 부분이 세워지도록 상자를 잘라주세요.

5

색골판지를 뚜껑에 붙여서 튼튼하게 세워주고 바닥과 앞부분에도 붙여주세요. 뚜껑 위쪽에는 색상지로 무대를 꾸며주세요.

6

3에서 완성한 커피 필터를 과자 상자에 붙이고 도화지를 구름 모양으로 잘라 붙여 무대를 완성합니다.

7

아이가 좋아하는 이야기의 주인공을 그려 색칠하고 자른 후 쌓기 나무 블록에 붙여 세워줍니다. 그림을 잘 못 그리는 아이는 엄마가 대신해 주세요.

8

6에서 완성한 무대에 7에서 만든 이야기 주인공을 세우고 재미있게 이야기를 꾸며 놀이해주세요.

옛 이야기 중에 가장 기억에 남는 이야기가 뭘까?

아이와 읽어봤던 전래동화나 명작동화 중에 어떤 이야기가 기억에 남는지 이야기를 나누어보세요. 왜 그런지, 어떤 장면이 가장 재미있었는지, 슬펐는지 등 아이와 이야기를 나누어보세요. 이런 활동들이 초등 입학 후에는 독서록이라는 형태로, 글을 쓰거나 그림을 그리는 활동으로 바뀌게 된답니다.

플러스 활동

그림자가 이야기를 하네!

아이와 함께 그림자 연극을 해 보세요. 아이가 좋아하는 동화의 주인공을 그림을 그리거나 책을 복사해 오린 후 하드 막대에 붙이고 손전등을 비춰 벽에 그림자를 만들어주면 돼요. 아이와 역할을 나누어 이야기를 꾸며 보세요. 간단한 준비물만으로도 아이와 멋진 연극을 할 수 있답니다.

준비물 이야기 주인공 그림 자료, 하드 막대, 가위, 풀, 손전등

통합교과와 독서, 그리고 추천 그림책

♠ 큰 아이가 초등학교 1학년에 입학한 2013년에 '통합교과'라는 과목이 새로 생겼어요. 지금은 익숙하지만 '통합교과'라는 단어 자체도 낯설었던 때였죠. 그때는 봄, 여름, 가을, 겨울 4계절 주제에 나&학교, 가족, 이웃, 우리나라 주제를 더해서 총 8권의 통합 교과서가 있었어요. 그러다 2017년 교과서가 바뀌면서 봄, 여름, 가을, 겨울 총 4권의 교과서로 권수는 줄고 대신 책 한 권에 두 개의 주제가 담기게 되었어요. 통합교과는 1, 2학년에만 있는 교과로 3학년 이후에는 사회, 과학 등의 다른 교과서에서 주제가 확장되어 연계되게 된답니다.

♣ 통합교과와 함께 강조되는 것이 바로 독서입니다. 무엇보다 초등 저학년 때에는 특별한 학습을 하기보다는 독서에 많은 시간을 보내는 것이 좋아요. 점점 학년이 높아지면 주요 과목들의 난이도가 높아지면서 공부에 많은 시간을 투자하게 되어, 독서를 하고 싶어도 할 수 있는 시간이 줄어들 수밖에 없기 때문이죠. 하지만 독서를 통해 쌓은 배경지식만큼 학교 공부에 도움이 되는 것이 없답니다. 또한 저학년 때 책읽기에 재미를 붙인 아이들은 고학년이 되어 여유 시간이 줄어들어도 책읽기의 재미를 알기 때문에 잠깐씩 짬을 내서라도 책을 읽는 경우가 많답니다. 어렸을 때 들여놓은 독서 습관이 아이의 공부는 물론 인생을 좌우할 수 있다는 점 꼭 기억해주세요.

◆ 이제 초등학교에 막 입학했거나 초등학교 입학을 앞두고 있는 예비초등학생이라면 다음에 추천하는 책을 참고하여 읽어보며 책 읽기의 즐거움을 알게 되길 바랍니다.

✖ **책 읽기를 좋아하게 만드는 그림책** → 난 책읽기가 좋아 1, 2단계 / 비룡소
→ 시공주니어 문고 레벨 1 / 시공주니어

✖ **통합교과에 도움이 되는 그림책** → 알콩달콩 우리명절 / 비룡소
→ 똑똑한 사회 그림책 / 웅진주니어

✖ **다양한 배경지식에 도움이 되는 그림책** → 새싹위인전 / 비룡소
→ 초등학생을 위한 인물 한국사 / 길벗스쿨

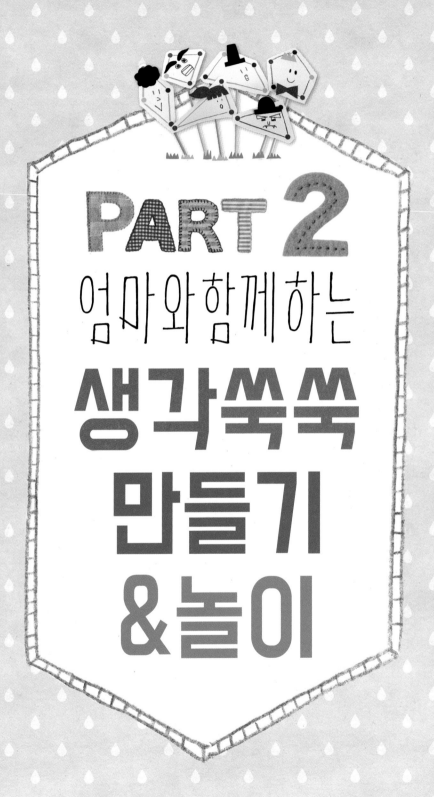

⭐ 과일과 야채로

귀염둥이 동물 만들기

[교과연계] 봄, 여름, 가을, 겨울 / 수학 1-1. 2단원 여러 가지 모양 / 국어 1-2. 2단원 소리와 모양을 흉내 내요

준비물 ✂️

- 집에 있는 여러 가지 채소나 과일
- 이쑤시개
- 칼
- 도마
- 단추
- 목공용 풀(또는 블루텍)
- 눈 스티커 등 꾸미기 재료

과일이나 야채를 편식하는 아이를 둔 부모님이라면 어떻게 하면 아이가 먹거리를 편식하지 않고 골고루 먹을 수 있을까 많이 고민하셨을 거예요. 그런 경우 아이와 식재료를 이용해 놀이를 해 보세요. 아이가 싫어하던 야채도 놀이를 통해 만져보고 관찰해보며 오감 놀이를 하면 좀 더 친숙하게 다가갈 수 있을 거예요. 계절마다 제철 과일이나 야채를 살펴보는 것도 좋겠지요. 요즘은 4계절 내내 과일과 야채들을 쉽게 구할 수 있어서 제철 음식들을 알기 어려우니 아이들과 대표적인 계절 과일이나 야채들로 재미있는 놀이를 해 보세요. 무작정 야채와 과일들을 가지고 놀기보다는 수학의 도형과 접목해서 조금 더 재미있게 놀아볼까요?

놀이 전 초등교과 알고 가기

초등 1학년의 수학 1학기 2단원에서는 여러 가지 모양에 대해서 배우게 됩니다. 개정된 수학 교과서에서는 아이들에게 수학 용어(도형 이름)를 바로 알려주는 주입식 교육 대신 아이들 스스로 모양을 살펴보고 모둠 활동 등을 통해 창의적으로 이름을 지어보기도 하고 특징을 찾아보기도 하는 활동을 하게 됩니다. 엄마도 아이에게 도형의 이름을 그냥 알려주기보다는 함께 모양을 살펴보고 놀이를 하면서 아이만의 도형 이름을 만들어보기도 하고 도형의 특징을 스스로 찾을 수 있도록 도와주면 어떨까요?

놀이로 쉽게 이끄는 엄마표 한마디

(집에 있는 다양한 모양의 물건들을 모아두고) 우리 비슷한
"모양끼리 모아볼까? 왜 이렇게 모았어?"
(분류의 개념을 자연스럽게 알 수 있게 돼요.)

"이건 뾰족뾰족하네! 이건 동글동글해!" (다양한 표현을 통해 아이와
모양의 특성을 알아보세요. 평평하다, 길쭉길쭉, 반듯반듯 등
다양한 표현을 아이와 함께 찾아보세요.)

함께 놀아보아요~!

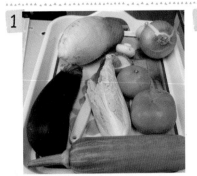

1

집에 있는 다양한 모양의 과일과 야채를 준비해주세요.

2

야채를 위, 아래, 옆, 뒤에서 살펴보고 겉모양을 그려보세요.

3

이번엔 야채를 칼로 잘라 속의 모습도 관찰하고 그려보세요. 과일이나 야채를 가로와 세로로 각각 잘라보고 자르는 방향에 따라 단면의 모양이 달라진다는 것을 알아보세요.

> 딱딱한 야채는 엄마가 썰고 말랑한 야채는 플라스틱 칼을 이용해 아이가 잘라보세요.

4

과일도 반을 잘라 속을 살펴보세요. 여러 가지 과일의 속을 관찰하고 비교해 보면 좋아요.

5

애호박, 오이 등 길쭉한 야채는 원기둥 모양으로 잘라주고 당근 같은 딱딱한 야채는 상자 모양으로 잘라줍니다.

6

작게 자른 야채들을 이쑤시개를 이용해 원기둥 모양의 야채에 꽂아 다리를 만들어주세요.

> 파, 양파 등을 만지고 눈을 비비지 않도록 주의해주세요.

7

귤과 같은 공 모양의 야채나 과일을 이쑤시개를 이용해서 몸통에 꽂아 얼굴을 만들고 다른 야채를 이용해서 꼬리를 만들어보세요.

8

눈 스티커나 단추, 폼폼이 등 꾸미기 재료들을 목공용 풀(또는 블루텍)을 이용해 붙이고 펜으로 표정을 그려 재미있는 얼굴을 표현해보세요.

꿀꿀, 음매~
동물 농장에
가볼까?

아이와 만든 동물들은 블록 등을 이용해 울타리도 만들고 집도 만들어서
동물농장 놀이를 할 수 있어요. 아이와 함께 농장에 사는 동물들 소리와
모습을 흉내 내는 말들을
살펴보고 따라해 보면서
신나게 놀아보세요.

플러스 활동

폼폼이로 만든 입체 도형

다면체는 다각형으로 둘러싸인 입
체 도형을 말합니다. 아이와 함께
아이가 알고 있는 삼각형, 사각형,
오각형 등을 이용해 입체 도형을 만
들 수 있어요. 폼폼이를 꼭짓점으로
하여 이쑤시개를 꽂아가며 다양한 다
면체를 만들어보세요.

준비물 폼폼이, 이쑤시개(또는 나무 꼬치)

★ 봄이 활짝 피었어요!
색의 번짐으로 예쁜 꽃 만들기 ★

[교과연계] 봄 1-1. 2단원 도란도란 봄 동산 / 과학 4-2. 2단원 물의 상태 변화

준비물

- 커피 필터
- 수성 사인펜
- 넓은 접시
- 가위
- 빨대
- 풀
- 초록색 종이
- 빵 끈
- 꽃테이프

5월의 꽃의 여왕인 장미! 봄이 되면 전국 곳곳에서 아름다운 장미들을 볼 수 있습니다. 아이와 함께 봄의 따뜻한 날씨에 피는 꽃들을 알아보고 커피 필터를 이용해 장미를 만들어보세요. 아이와 커피필터에 수성 사인펜을 이용해 색칠하고 물에 담가 종이에 따라 사인펜이 번지는 것을 관찰해 보세요. 신기한 과학 놀이도 겸한 미술 놀이를 한 번 해 볼까요?

놀이 전 초등교과 알고 가기

초등 1~2학년의 교과 과정에서 통합 교과의 비중이 반을 차지합니다. 그만큼 우리 실생활과 밀접한 계절 관련 주제들을 아이들과 탐구하며 알아보기 위함이 아닐까 싶은데요. 평소에도 장난감 놀이가 아닌 실생활에 쓰이는 물건을 이용해 계절과 관련된 다양한 놀이를 해 보는 것이 도움이 될 거예요.

놀이로 쉽게 이끄는 엄마표 한마디

"(커피 필터를 보여주며) 무엇에 쓰는 물건일까?"
(직접 무엇에 쓰는 것인지 보여주면 더 좋아요.)

"봄에는 어떤 꽃들이 피더라? 엄마는 ○○꽃이 제일 좋은데, ○○는 무슨 꽃이 좋아?" (봄꽃과 관련된 대화를 이어가면 좋아요.)

함께 놀아보아요~!

1

장미꽃을 관찰하고 꽃잎을 뜯어보며 장미꽃이 어떻게 구성되어 있는지 직접 알아보세요. 꽃이 없다면 자연관찰책이나 사진 등으로 대체해도 좋아요.

2

커피 필터를 여러겹 겹친 후 꽃잎 모양으로 자릅니다.

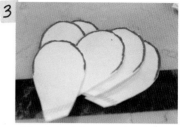

3

자른 커피 필터 끝부분을 수성 사인펜으로 칠해주세요.

4

넓은 그릇에 물을 채우고 수성펜을 칠하지 않은 쪽을 물속으로 향하게 둡니다.

5

커피 필터에 물이 흡수되면서 수성펜이 점점 번지는 모습을 관찰합니다.

6

커피 필터에 수성펜이 어느 정도 번지면 꺼내서 말려줍니다. 아이와 바싹 마른 커피 필터를 관찰해보며 물기가 다 어디로 갔는지 물의 증발에 대해 이야기를 나눠보세요.

> 꽃이 풍성하게 보이도록 꽃잎 사이 사이에 붙여주세요.

7

마른 커피 필터 꽃잎을 한 장씩 어긋나게 풀로 붙여서 꽃 모양을 만들어준 뒤 빵 끈을 이용해 꽃을 빨대에 고정합니다.

8

빨대에 초록색 꽃테이프를 말아 붙이고 초록색 종이를 잎 모양으로 잘라 붙여 커피 필터 장미꽃을 완성합니다.

> **놀이로 이끄는 팁**
> 엄마 어떨 때 물이 증발할까? 우리 주변에서 찾아보자! 엄마가 많이 하는 일 중에 하나인데 맞춰 볼까?(빨래 널기로 유도해주세요.)

우리 집에
장미가 활짝
피었네!

장미꽃을 여러 송이 만들어 어버이날이나 스승의날에 선물해도 좋고, 빈 유리병이나 음료수통을 깨끗이 씻어 장미꽃을 꽂아두면 집 안의 분위기를 한층 환하게 해 준답니다.

플러스 활동

키친타올 꽃이 피었어요!

주방에서만 쓰는 것인 줄 알았던 키친타올, 아이와 함께 물감을 푼 물에 넣어 조물조물하다 꺼내 말리면 훌륭한 미술 재료가 돼요. 아이와 키친타올을 염색해 꽃 모양으로 만들어 간단히 사진처럼 미술 놀이를 해 보세요.

① 키친타올을 물감 물에 적셔서 물기를 짜고 말려주세요.
② 종이컵은 반을 잘라 목공용 풀로 바탕 종이(색지)에 붙이고 키친타올을 꽃 모양으로 만들어 붙입니다.
③ 색종이로 줄기와 잎을 붙여주면 키친타올 봄꽃 완성!

준비물 키친타올, 물감, 물, 색지, 색종이, 풀, 종이컵, 목공용 풀

★ 꿈틀꿈틀
색깔 애벌레 숫자 놀이 ★

[교과연계] 봄 1-1. 2단원 도란도란 봄 동산 / 수학 1-1. 1단원 9까지의 수 / 과학 3-1. 3단원 동물의 한살이

준비물 ✂

- 털실
- 돗바늘
- 스티로폼 공
- 아크릴 물감
- 나무 꼬치
- 꾸미기 눈알
- 숫자 스티커

봄이 오고 꽃이 피기 시작하면 아이들은 봄에 피는 꽃, 봄에 만나는 동물들에 대해서 유치원이나 학교에서 배워온답니다. 아이와 함께 봄이면 떠오르는 나비에 대해서 알아보고 애벌레 놀이를 해 보면 어떨까요? 미술 놀이 속에 약간의 수 개념을 더해서 조금 더 재미있게 놀아보면 좋겠지요. 하나, 둘 입으로 크게 말하며 구체물로 수를 세어보고 조물조물 만들기를 통해 소근육도 키울 수 있는 통합 놀이를 해볼까요?

놀이 전 **초등교과 알고 가기**

수는 일상 속에 자연스럽게 체득하는 것이 중요합니다. 수와 양의 일치를 아는 것도 중요하고 순서를 익히는 것도 중요하지요. 놀이에서뿐만 아니라 평소에도 순서 세기, 개수 세기 등을 통해 자연스럽게 수를 익혀 보세요. 유아기부터 학습지를 이용해 연산을 하는 것은 좋지 않아요. 구체물을 이용해서 수 놀이를 한 후 학습지는 아이가 싫어하지 않는다면 같이 해주는 것이 좋아요.

 놀이로 쉽게 이끄는 **엄마표 한마디**

"봄이 되면 꽃이 많이 피지? 꽃 주변에는 무슨 곤충이 많이 보일까? 왜?" (자연스럽게 '나비'라는 답을 이끌어내 주세요.)

"○○는 어릴 때 아장아장 걸어 다니는 꼬마였지! 그럼 나비는 어릴 때 어떤 모습일까?"

함께 놀아보아요~!

1

나무 꼬치에 스티로폼 공을 통과시켜 미리 구멍을 내주세요.

2

스티로폼 공에 아이가 원하는 색깔의 물감을 칠해서 말려줍니다.

3

돗바늘에 털실을 끼우고 스티로폼 공을 하나씩 끼워줍니다. 공을 끼우면서 첫째는 빨간색이네! 둘째는 노란색이네! 이런 식으로 첫째부터 아홉째까지 순서를 세면서 활동하면 좋아요.

> 서수(순서수)는 첫째, 둘째, 셋째... 처럼 수를 세는 수입니다. 아이와 놀이할 때 '첫째는 무슨 색을 끼울까?' 처럼 자연스럽게 순서를 세는 서수를 사용해주세요.

4

공을 다 끼우면 매듭을 맨 후 꾸미기 눈을 붙이고 얼굴을 그려줍니다. 숫자 세기를 어려워하는 아이는 숫자 스티커를 붙여주면 좋아요.

5

작은 종이에 서수(순서수)와 색깔을 쓴 후 내용이 보이지 않게 접어서 통에 담아요.

6

통에서 종이를 꺼낸 뒤 말해보기를 합니다. 뒤에서 두 번째는 무슨 색? 파란색은 앞에서 몇 번째?처럼 질문을 해주세요.

> 영어를 좋아하는 아이는 영어로 서수와 색깔을 배우기도 좋답니다.

훨훨 나는 나비가 되었네!

아이들과 만든 색깔 애벌레를 가지고 신나게 놀아보는 시간을 가져 보세요. 색칠한 스티로폼 공 세 개를 나무 꼬치에 끼우고 색종이로 날개를 만들어 붙여보세요. 산책하다 가져온 나뭇잎을 붙여주면 세상에 하나뿐인 나만의 나비를 만들 수 있어요.

플러스 활동

짝수, 홀수 애벌레

스티커만으로 짝수와 홀수의 개념을 간단히 익힐 수 있는 활동입니다. 아이와 1부터 10까지 차례로 스티커를 붙여주세요. 하나부터 열까지 두 개씩 같은 색의 스티커를 붙여주세요. 스티커 두 개씩 짝을 지어서 짝이 있으면 짝수, 없으면 홀수라는 것을 알려주세요. 눈 모양 스티커와 펜을 이용해 재미있는 표정을 그려주면 놀이가 더 즐거워진답니다.

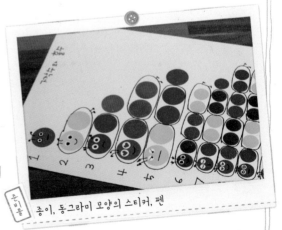

준비물: 종이, 동그라미 모양의 스티커, 펜

⭐ 나는야 발표왕!
휴지심으로 캐릭터 인형 만들기 ⭐

[교과연계] 봄 2-1. 1단원 알쏭달쏭 나 / 국어 2-1. 2단원 자신 있게 말해요

준비물 ✂

- 휴지심
- 스티로폼 공(4cm)
- 아크릴 물감
- 목공용 풀
- 색종이
- 풀
- 가위
- 빨대
- 플라스틱 카드링
- 색점토
- 글루건

초등학교에 들어가면 아이들이 발표하는 시간이 많아지게 돼요. 또박또박 바른 자세로 발표하는 방법과 다른 사람들의 말을 경청하는 방법 등을 놀이를 통해 알게 해주면 좋아요. 발표를 좋아하는 아이가 아니라면 엄마와 함께 이런 시간을 자주 가져서 조금이나마 발표에 대한 부담감을 줄여주면 좋을 거예요. 아이들이 좋아하는 캐릭터를 휴지심을 이용해서 만들어보고 가지고 놀면서 이야기를 만들어 말하는 연습을 해 보세요.

놀이 전 초등교과 알고 가기

개정된 초등 1, 2학년 교과서에는 아이들이 스스로 표현하는 활동들이 많아져 아이가 어떤 주제에 대하여 말이나 글 또는 미술활동으로 표현해야 합니다. 스스로 자신의 생각을 말하고 쓰고 그리는 것은 기존의 주입식 교육이 아닌 창의적 교육을 위해서 바람직한 방향입니다. 하지만 아이가 스스로 표현하기를 어려워한다면 학교생활이 힘들 수도 있지요. 집에서 아이 스스로 표현하는 방법을 조금씩 익혀주면 학교생활이 좀 더 편해지지 않을까요?

놀이로 쉽게 이끄는 엄마표 한마디

"○○는 어떤 캐릭터가 좋아? 왜 좋은 걸까?"
"(휴지심을 가지고) 뭘 만들어볼 수 있을까? 어떻게 하면 좋을까?"

1

휴지심을 적당한 크기로 자르고 안쪽에 목공용 풀을 바른 후 스티로폼 공을 양쪽으로 끼워줍니다.

2

목공용 풀이 다 마르면 휴지심에 색종이를 감아 붙여주세요.

3

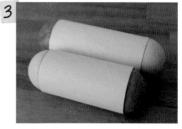

스티로폼 공은 아크릴 물감으로 칠해주세요.

아이가 어리면 엄마가 도와주세요.

4

색종이를 이용해 옷을 만들어 풀로 붙여주세요.

컬러링이 없으면 네임펜으로 안경 모양을 그려주세요.

5

도화지를 컬러링 크기로 잘라 목공용 풀로 붙여주고 눈을 그려줍니다.

6

검은색 색종이로 띠를 만들어 붙인 뒤 목공용 풀로 눈을 붙여주세요.

7

빨대를 잘라 글루건으로 다리를 붙여주고 발은 색점토로 만들어 붙여주세요.

8

팔은 색점토로 만들어 붙이고 펜으로 입을 그려주면 완성!

네 이름은
뭐야?
만나서 반가워!

아이와 함께 만든 캐릭터에 아이가 직접 이름을 붙여주세요. 아이가
만든 캐릭터 인형을 활용하여 작은 연극 놀이도 할 수 있어요. 다양한
상황을 연출해서 아이와 간단하게 이야기를 꾸며 놀이하는 시간을
가져 보세요.

플러스 활동

나만의 이모티콘 만들기

원형 스티커와 눈 모양 스티커를 이용해서 이모
티콘을 만들어보세요. 준비물도 간편하고 만드는
법도 간단하지만 아이와 만들다보면 창의력도 쑥
쑥 커지는 신나는 시간이 될 거예요.

준비물 동그라미 스티커, 눈 스티커, 펜, 종이

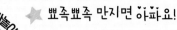

⭐ 뾰족뾰족 만지면 아파요!

세계 여러 나라 식물 알아보기 ⭐

[교과연계] 겨울 2-2. 1단원 두근두근 세계 여행 / 과학 4-2. 1단원 식물의 생활 / 사회 3-2. 3단원 가족의 형태와 역할 변화

준비물 ✂

- 휴지심
- 과자 상자
- 요구르트 통
- 스티로폼 공
- 가위
- 풀
- 색종이
- 아크릴 물감
- 시침핀
- 수정액
- 포장지 스터핑
  (또는 신문지)
- 색 자갈(또는 곡물)
- 패브릭 스티커

세계 여러 나라는 누리과정의 한 주제이므로 세계 여러 나라의 생활 모습과 주변 환경 등을 살펴보고 우리나라와 다른 점을 찾아 비교해보는 것도 좋은 활동이에요. 식물원이나 꽃집에서 볼 수 있는 선인장은 우리나라와 다른 건조한 기후를 가진 나라에서 자라는 식물로, 생김새가 독특해서 아이들의 호기심을 자극하기에 좋아요. 선인장과 관련된 책이 있다면 책을 통해 식물들이 각각의 환경에서 살아남기 위해 어떻게 변해왔는지 관찰해 보고 기후에 따른 다른 나라의 모습도 살펴본 뒤 엄마와 함께 선인장 가시처럼 뾰족한 시침핀을 이용해 특별한 미술 놀이를 한 번 해 볼까요?

놀이 전 초등교과 알고 가기

유치원에서 배우게 되는 누리과정 주제 중 하나인 '세계 여러 나라'는 초등 2학년 통합교과 겨울부터 고학년까지 이어서 배우게 됩니다. 저학년에서는 다양한 주제에 쉽게 접근하기 위해 놀이를 활용하지만 학년이 올라가면 같은 주제라도 좀 더 심화되어 접근하기 때문에 자칫 지루해질 수 있어요. 미리 아이들과 배경 지식을 쌓아 둔다면 지루해질 수 있는 주제라도 좀 더 쉽게 접근할 수 있을 거예요. 선인장과 관련된 책이 있다면 아이와 함께 읽어보고 활동하면 좋아요. 자연관찰책이 있으면 미리 살펴봐도 좋구요.
▶ 추천 동화책 : 선인장 호텔 / 마루벌

놀이로 쉽게 이끄는 엄마표 한마디

"○○는 어떤 날씨를 좋아해?"
"우리나라는 계절이 있잖아! 다른 나라들도 우리나라처럼 계절이 다 있을까?"
"매일매일 뜨겁고 더운 날씨만 있는 나라에서 살면 어떨까?"

1

요구르트 통을 패브릭 스티커로 감싸 붙이고 포장지 스터핑을 채워 넣습니다. 포장지 스터핑이 없으면 신문지나 종이를 얇게 잘라 넣어주세요.

2

휴지심에는 초록색 색종이를 붙이고 스티로폼 공은 아크릴 물감으로 색칠해줍니다.

3

과자 상자에 초록색 색종이를 붙이고 그림처럼 잘라주세요. 색종이는 꽃 모양으로 오려서 잘라둡니다.

4

휴지심과 잘라둔 과자 상자에 수정액으로 그림을 그려주세요.

5

요구르트 통에 스티로폼 공 선인장을 올려주세요. 스티로폼 공에 시침핀을 꽂아 가시를 표현하고 위쪽에는 3에서 만든 꽃 모양을 꽂아줍니다.

시침핀은 어린 아이는 사용을 삼가주세요. 5세 이상의 아이라면 엄마의 보호 아래 꽂아 보면 소근육 발달에 도움이 됩니다.

6

휴지심에 과자 상자를 붙여주고 빈 요구르트 통에 색 자갈을 넣어준 뒤 꽂아줍니다.

색 자갈이 없다면 쌀이나 작은 콩 같은 곡물을 넣어도 좋아요.

뾰족한 게
좋을까
넓은 게
좋을까?

유치원 시기의 아이들이 가장 호기심에 반짝이는 눈을 하고 있는 것 같아요. 그 때문인지 과학실험을 하면 아이들이 너무 좋아한답니다. 너무 어려운 원리가 아니면 아이들과 가끔 과학실험도 해 보세요! 티슈를 한 장은 펼친 상태에서, 또 다른 한 장은 뾰족하게 만든 상태에서 물에 적셔서 말려봅니다. 어느 것이 더 빨리 마르는지 알아보고 선인장의 가시 원리도 확인해 보아요.

플러스 활동

내 맘대로 선인장

어린 아이들이라면 시침핀 활동이 위험할 수 있어요. 대신 스티로폼에 이쑤시개를 꽂아서 선인장을 표현해 보세요. 포장용 스티로폼을 길게 잘라 아이가 색종이를 찢어서 마음대로 붙여보세요. 그런 다음 이쑤시개를 맘껏 꽂아서 표현해 보세요.

준비물 스티로폼, 풀, 색종이, 이쑤시개

창의력 쑥쑥 교과놀이

06

★ 누구 다리가 더 많아?

문어와 오징어 인형 만들기 ★

[교과연계] 여름 2-1. 2단원 초록이의 여름 여행 / 과학 3-2. 2단원 동물의 생활 / 수학 1-1. 3단원 덧셈과 뺄셈 / 수학 1-2. 4단원 덧셈과 뺄셈(2)

준비물 ✂

- 반구
- 투명 플라스틱 컵
- 빨대
- 플라스틱 달걀판
- OHP 필름
- 가위
- 꾸미기 눈
- 모양 스티커
- 양면테이프
- 끈 조금
- 폼폼이(생략 가능)

바다 속이나 강물 속 동물들을 알아보기 좋은 계절이 여름이 아닌가 싶어요. 더운 여름, 아이가 직접 만든 놀잇감으로 물놀이도 하고 가면 놀이도 해 보면 어떨까요? 다리가 많이 달린 오징어나 문어는 아이들과 다리 수 세기 놀이도 하기 좋고 꾸미기 놀이도 하기 좋은 미술 놀이 주제랍니다. 오징어와 문어가 물고기와 어떻게 다른지도 알아보고 관련된 자연관찰책이 있으면 사진을 본 후 직접 손으로 조물조물 만들어보면서 재미있는 시간을 가져보세요.

놀이 전 초등교과 알고 가기

초등 3학년 1학기 과학에서는 동물의 한살이를 배우고 2학기 때는 사는 곳에 따라 달라지는 동물들을 배우게 됩니다. 곤충에서부터 물고기까지 다양한 생물에 대해서 배우게 되는데 생각보다 그 범위가 넓어요. 그래서 유치원부터 저학년까지 꾸준히 과학 지식 책 등을 접해서 아이의 배경지식을 키워놓으면 좋답니다.

놀이로 쉽게 이끄는 엄마표 한마디

"바다 속에 사는 동물 중에 다리가 제일 많은 것은 뭘까?"
(바다생물과 관련된 수수께끼 놀이를 하면 좋아요..)
"세상에 뼈가 없는 동물도 있을까?"
(연체동물에 대해 알아봐도 좋아요..)

함께 놀아보아요~!

문어의
다리는 8개예요.

1

문어를 만들기 위해 반구에 꾸미기
눈을 붙이고 빨대 끝 부분을 가위로
홈을 내서 반구에 붙여주세요.

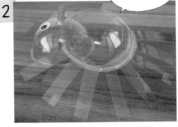

2

OHP 필름을 길게 잘라 또 다른 반구
에 양면테이프로 붙여주세요.

3

반구 안에 폼폼이를 넣고 두 개의 반
구를 양면테이프로 붙여주세요. 폼폼
이가 없으면 생략해도 됩니다.

4

모양 스티커를 이용해 문어 다리를
꾸며줍니다. 아이와 패턴을 만들며
꾸며주면 더 좋아요.

5

이번엔 오징어를 만들어볼게요. 투명
플라스틱 컵에 꾸미기 눈을 붙이고
빨대 한쪽에 홈을 내서 붙여주세요.

6

투명 플라스틱 달걀판을 세모 모양으
로 자르고 컵 위쪽에 붙인 후 스티커
로 장식해주세요.

오징어의
다리는 10개예요.

7

OHP 필름을 길게 잘라 붙이고 스티
커로 오징어 다리를 꾸며주세요.

8

문어와 오징어 다리에 붙여진 스티커
의 수를 세어보세요. 두 수의 덧셈과
뺄셈, 세 수의 덧셈과 뺄셈 등을 해
보세요.

풍덩풍덩 함께 놀자!

물놀이를 싫어하는 아이들이 있을까요? 이번 놀이재료는 물에 젖지 않는 투명한 재료들로 만들었기 때문에 아이들과 욕조에 물을 받아서 목욕 놀이하기 좋아요. 다 만든 문어와 오징어는 물속에 넣어서 아이와 재미있게 놀아 보세요.

플러스 활동

문어로 변신!

종이 접시에 색종이를 잘라 다리를 붙이고 펀치로 눈구멍을 뚫은 후 양쪽에 고무줄을 달아주면 문어 가면이 됩니다. 오징어는 컵 아래쪽에 구멍을 뚫어 끈을 연결하면 모자처럼 쓸 수 있어요. 아이와 함께 문어 가면과 오징어 모자를 만들어 재미있게 놀아보세요.

준비물 종이 접시, 펜, 색종이, 가위, 풀, 고무줄, 펀치

⭐ 우리 가족을 소개합니다!

우리 가족 액자 만들기 ⭐

[교과연계] 여름 1-1. 1단원 우리는 가족입니다 / 국어 1-2. 6단원 고운 말을 해요 / 국어 2-2. 10단원 칭찬하는 말을 주고받아요

준비물 ✂

• 색종이
• 풀
• 가위
• 펜

어린이날, 어버이날 등이 있는 5월은 가족에 대해서 많은 생각을 하게 되는 달입니다. 아이들도 그 즈음 유치원에서든 학교에서든 가족과 관련된 활동을 많이 하지요. 아이들과 색종이를 접어서 우리 가족 액자를 만들어보고 우리 가족 구성원 각각의 장점을 찾아보면서 그때만큼은 우리 가족끼리 칭찬을 듬뿍 해주는 시간을 가져 보세요. 평소에는 티격태격 싸우는 오빠, 동생이지만 놀이하는 시간만큼은 서로를 칭찬하고 좋은 점을 이야기해주는 훈훈한 시간을 가져 보세요.

놀이 전 **초등교과 알고 가기**

초등 1학년 통합교과 여름 교과서에서는 1단원은 가족, 2단원은 여름에 대해 배우게 됩니다. 1단원 가족에서는 가족을 소개하고 친척에 대해서 알아보게 되는데요. 아이와 함께 우리 가족에 대해서 자신의 생각을 표현해 보는 활동을 미리 해 보면 어떨까요? 막상 우리 가족을 소개하라고 하면 무슨 말을 해야 할지 잘 생각이 나지 않기 때문이지요. 평소에 생각을 또박또박 말하는 연습도 같이 해 보면 좋을 거예요.

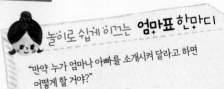

놀이로 쉽게 이끄는 **엄마표 한마디**

"만약 누가 엄마나 아빠를 소개시켜 달라고 하면 어떻게 할 거야?"

"우리 가족 자랑하기 하자!"

함께 놀아보아요~!

1

15cm 색종이를 4등분해줍니다.

2

각 모서리를 그림과 같이 접어 방석 접기를 해주세요.

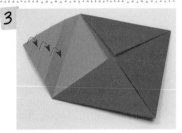

3

삼각형 부분을 4등분해 안으로 접어 넣어 붙여주세요.

4

4면을 같은 방법으로 접어 풀로 붙여 주면 액자 모양이 완성됩니다.

5

7.5cm 색종이의 한 면을 2cm 안으로 접습니다.

6

색종이를 뒤집어 양쪽 1cm를 뒤쪽으로 접고 모서리 부분을 뒤로 꺾어 접어줍니다.

7

펜과 색종이 등을 이용해서 얼굴을 꾸며줍니다. 아이가 어리면 눈 스티커를 이용해도 좋아요.

색종이를 잘라 붙이거나 앞머리를 가위로 조금씩 잘라내어 가족만의 특색 있는 얼굴을 표현해 보세요.

8

완성한 얼굴을 색종이 액자 틀에 붙여주세요.

우리 가족을 소개합니다!

우리 가족 액자를 벽에 붙여준 뒤 포스트잇을 이용해서 우리 가족을 표현할 수 있는 말을 찾아 적어보세요. 될 수 있으면 가족들의 장점을 찾아보고 표현할 수 있는 다양한 어휘를 알아보면 좋겠죠? 아이가 한글을 모른다면 엄마가 대신 적어보세요.

준비물 포스트잇, 펜

🐞 플러스 활동

우리 가족 풍선 인형

위생장갑에 네임펜으로 그림을 그리고 스티커를 붙여서 우리가족 장갑을 만듭니다. 장갑 속에 빨대를 넣고 투명테이프로 바람이 빠지지 않게 붙여서 입으로 불면 볼록해지면서 우리가족 인형이 만들어 진답니다.

준비물 위생장갑, 네임펜, 눈 모양 스티커(생략 가능), 빨대, 투명테이프

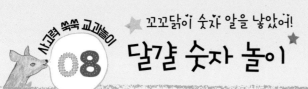

사고력 쑥쑥 교과놀이 08

⭐ 꼬꼬닭이 숫자 알을 낳았어!
달걀 숫자 놀이 ⭐

[교과연계] 국어 1-1. 4단원 글자를 만들어요 / 수학 2-1. 6단원 곱셈

준비물 ✂

- 멸균 음료팩
- 색종이
- 음료 슬리브
- 가위
- 풀
- 꾸미기 눈
- 패브릭 스티커
- 원형 스티커
- 네임펜
- 플라스틱 병뚜껑 여러 개
- 종이 접시
- 폼폼이

엄마표 놀이 중에 가장 접근하기 쉬운 것이 한글 놀이와 수 놀이가 아닌가 싶은데요. 재활용품을 이용한 미술 놀이 속에 수 놀이와 한글 놀이를 적용해서 아이와 재미있게 놀아보면 어떨까요? '꼬꼬닭이 알을 낳았어! 그런데 알이 숫자 알이네? 글자 알이네?' 하며 아이와 즐겁게 놀아보세요. 형제가 있으면 형제끼리, 없으면 엄마와 함께 가위바위보를 해서 신나게 게임도 해 보세요.

놀이 전 초등교과 알고 가기

구체물로 직접 만지며 덧셈, 뺄셈을 해 보았다면 눈으로 연산을 하는 것도 중요합니다. 물론 학습지나 문제집을 통해 연산을 배우겠지만 너무 어릴 때부터 종이 연산지를 푸는 것은 자칫 수학에 대한 부담감을 줄 수도 있어요. 아이가 어릴수록 놀이를 통해서 수학에 접근하는 것이 중요한 것 같습니다.

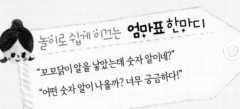

놀이로 쉽게 이끄는 엄마표 한마디

"꼬꼬닭이 알을 낳았는데 숫자 알이네?"
"어떤 숫자 알이 나올까? 너무 궁금하다!"

함께 놀아보아요~!

1 멸균 음료팩을 깨끗이 씻어 말린 후 중간을 잘라주세요.

2 패브릭 스티커를 멸균 음료팩에 붙여 주세요.

3 음료 슬리브를 머리와 꼬리 모양으로 자르고 색종이와 꾸미기 눈 등을 이 용해 얼굴을 만들주세요.

4 3에서 만든 얼굴과 꼬리를 2에서 만 든 몸통에 그림과 같이 붙여주세요.

5 병뚜껑에 원형 스티커를 붙이고 1부 터 9까지의 숫자를 적은 후 바구니에 각각 넣어주세요. 병뚜껑이 없으면 블 록 등으로 대신해도 됩니다.

6 각각의 바구니에서 병뚜껑을 하나씩 꺼낸 뒤 나온 두 수를 폼폼이를 이용 해서 더해주세요. 빼기를 해도 좋아요.

7 폼폼이를 이용해 곱셈의 원리도 알아 보세요.

> 구구단 외우기 게임을 해도 좋아요.

병뚜껑으로 게임하자!

한글에 관심이 많은 아이라면 뚜껑에 숫자 대신 자음과 모음을 적어서 글자 만들기, 자음만을 적어 넣어서 초성 맞추기 게임 등으로 활용할 수 있어요. 큰 수에 대해서 배우고 있다면 바구니를 여러 개 만들어 숫자를 적어 넣은 후 꺼내 큰 수 읽기 활동도 가능하지요.

아이들과의 활동은 만들기 그 자체로도 좋지만 만든 결과물을 이용해서 게임 등으로 확장하면 더 신나는 시간을 보낼 수 있어요. 아이와 만들기도 하고 게임도 하면서 즐거운 엄마표 시간을 보내볼까요? 단, 엄마가 져주는 센스가 있어야 게임도 즐거워진답니다. ^^

🐞 **플러스 활동**

달걀 껍질 그림을 그려볼까?

달걀은 아이들 반찬 재료로도 좋고 엄마표 놀이 쓰기에도 좋은 재료입니다. 생달걀을 아이와 깨려 노른자와 흰자를 분리해보고, 삶아서 껍질도 까 보세요. 아이들 손으로 직접 만지고, 냄새를 맡고, 먹어보는 오감 활동들이 유아기 성장 발달에도 도움이 된답니다. 달걀은 누가 낳은 것인지 닭의 일생도 알아보고, 삶은 달걀은 간식으로 먹고 껍질은 절구에 빻아 목공용 풀로 붙여 그림도 그려보세요.

준비물 생달걀, 삶은 달걀, 절구

사고력 쑥쑥 교과놀이

09

⭐ 재활용품이 다시 태어났어요!

동물 표본 만들기

[교과연계] 여름 1-1. 2단원 여름 나라 / 과학 3-2. 2단원 동물의 생활

준비물 ✂

재활용품
- 종이 상자
- 음료 슬리브
- 과자봉지
- 과자 상자
- 플라스틱 병뚜껑
- 참치캔
- 음료팩

그 외
- 도화지
- 가위
- 펜
- 스티커 색종이
- 글루건
- 양면테이프
- OHP 필름
- 모루
- 꾸미기 눈
- 원형 스티커

우리가 사용하는 물건들의 포장용기에는 어떤 것이 있나 아이들과 알아본 적이 있나요? 아이들과 버려지는 재활용품을 이용해 주변에서 볼 수 있는 곤충이나 동물을 만들어보면 어떨까요? 여름에 자주 볼 수 있는 곤충을 만들어보면 더 좋겠지요. 이렇게 재활용품을 이용해 재활용품의 모양을 변형시키지 않고 다양한 것으로 새로 만들어내는 것을 '새활용(업사이클링)'이라고 합니다. 우리가 환경 보호를 위해 어떤 노력을 기울여야 하는지 생각도 해 보고 재미있게 새활용 만들기 활동도 해 보면 좋을 거예요.

놀이 전 **초등교과 알고 가기**

초등 1학년 여름 교과서에는 여름 날씨에 대해 소개하면서 물 절약과 같은 환경문제를 이야기합니다. 고학년의 환경문제처럼 깊이 있는 내용은 아니라도 나이에 맞는 문제해결을 이끌어낼 수 있는 활동을 하게 됩니다. 아이가 환경문제에 관심이 있다면 수업 시간에 배우는 것을 조금 더 흥미롭게 생각하겠지요. 평소에 아이와 재활용품 분리 배출, 물 절약과 같은 환경문제에 대해 미술활동을 통해서 조금이나마 관심을 가져보면 어떨까요?

놀이로 쉽게 이끄는 **엄마표 한마디**

"재활용이 뭘까? 재활용되는 물건은 뭐가 있을까?"
"(놀이에 쓰일 재활용품들을 보여주며) 재활용품으로 어떤 놀이를 해 볼 수 있을까?"
"새활용이 뭔지 알아? 재활용과는 어떻게 다를까?"

업사이클링(새활용)이란 쓰임을 다하고 버려지는 자원에 디자인적 가치를 더해 새로운 쓰임을 만드는 활동을 말하며, '새활용'은 업사이클링의 우리말입니다.
- 재활용의 **예** 플라스틱➡인조섬유
- 새활용의 **예** 버려진 플래카드를 이용한 가방

함께 놀아보아요~!

멸종되고 있는 거북이에 관련된 이야기, 거북이의 무늬 등 거북이에 대한 다양한 이야기를 나눠보세요.

1

큰 종이 상자의 테두리 부분을 1.5cm 남기고 잘라내보세요.

2

다 쓴 사인펜에 과자봉지를 날개 모양으로 잘라 붙이고 음료 슬리브와 꾸미기 재료를 이용해 나비를 만들어 보세요.

3

참치캔에 스티커 색종이를 붙이고 펜으로 육각형 모양을 그려줍니다.

놀이로 이끄는 팁
"엄마 무당벌레는 등에 점이 몇 개일까? 무당벌레 나오는 책을 찾아서 개수를 세어볼까?"

4

음료 슬리브를 잘라 머리와 다리를 만들고 눈을 붙여 거북이를 완성해주세요.

5

플라스틱 뚜껑에 원형 스티커를 붙이고 음료팩과 모루를 잘라 붙여 무당벌레를 만들어보세요.

6

음료 슬리브를 자르고 눈알을 붙여주세요. 음료팩으로 날개를 그린 후 잘라 붙여 잠자리를 완성합니다.

놀이로 이끄는 팁
엄마 잠자리는 눈이 몇 개일까? 잠자리 같은 눈을 가진 곤충은 또 누가 있는지 알아? (파리, 모기, 사마귀 등 대부분의 곤충은 겹눈을 가지고 있어요).

7

재활용품으로 만든 동물들을 종이 상자에 붙이고 이름표를 만들어 붙여주세요. 한글을 모르는 아이는 엄마가 대신 적어주세요.

8

OHP 필름을 양면테이프를 이용해 상자 앞면에 붙이면 재활용품 동물 표본 완성!

포장용기에는 뭐가 쓰여 있을까?

아이와 포장용기에 쓰인 텍스트들을 잘라 무엇인지 알아보고 구분을 해 보세요. 포장용기에 쓰인 여러 가지 글자를 읽어 보며 한글 공부도 할 수 있어요. 재활용 마크도 알아보며 이야기를 나누어 보세요. 아이와 함께 재활용 분리배출도 함께 해 보면 더 좋을 거예요.

🐞 **플러스 활동**

팔랑 팔랑 나비가 날아요!

봄에 아이와 산책하다 보면 나비를 자주 보게 되죠. 아이와 봄에 볼 수 있는 곤충이나 동물에 대해서 이야기를 해 보고 종이를 접어 간단히 책도 만들어보세요. 종이를 8등분하여 가운데 부분을 잘라주면 쉽게 6면 책을 만들 수 있어요. 아이와 6면 책을 만들어 나비 모양으로 자른 후 한살이 등 나비에 관한 내용을 채워보세요. 엄마가 자료를 준비해서 잘라 붙여도 되고 자연관찰책이 있으면 함께 읽어본 후 책을 따라 그려보면서 아이의 관찰력을 높여주는 시간을 가져보세요.

준비물 : 색도화지, 가위, 나비 자료(생략 가능), 펜

자른선

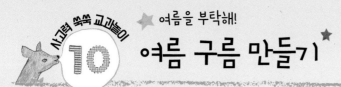

10 여름을 부탁해!
여름 구름 만들기

[교과연계] 여름 1-1. 2단원 여름 나라

준비물 ✂

- 라면 용기
- OHP 필름
- 색종이
- 도화지
- 네임펜
- 탈지면
- 양면테이프
- 투명테이프
- 가위
- 지끈

여름에는 엄청 덥기도 하고 장마와 소나기 같은 비가 자주 내려요. 아이들과 왜 비가 오는지 여름에는 왜 더운지 변덕스런 여름 날씨에 대해 이야기 나눌 기회가 많을 텐데요. 비 오는 날 아이와 집에서 비 오는 풍경을 구경하고 더워진 날씨에 대해서 이야기하며 놀이를 해 보면 어떨까요? 여름에만 즐길 수 있는 놀거리, 여름에만 해 볼 수 있는 것 등 아이와 이런 저런 이야기를 나누면서 여름에 대해서 알아보세요.

놀이 전 초등교과 알고 가기

개정된 초등 교과서는 실생활과 밀접한 주제들로 많이 구성되어 있어요. 그중 대표적인 것이 '4계절'인데요. 우리나라는 계절의 영향을 많이 받아 날씨와 생활이 밀접한 관련이 있지요. 그래서인지 통합교과서도 '봄, 여름, 가을, 겨울' 4계절로 책이 구성되어 있답니다. 물론 책 속에는 다른 소주제도 있지만 크게 보면 4계절을 중요하게 다루고 있는 것만은 틀림이 없어요. 아이와 매 계절마다 계절의 특징들을 이야기해 보고 우리 생활과의 관계를 알아보는 시간을 꾸준히 가져 보세요.

놀이로 쉽게 이끄는 엄마표 한마디

"○○는 어떤 계절을 제일 좋아해? 왜??"

"여름에만 할 수 있는 일이 많지? 어떤 일을 제일 해 보고 싶어?"

함께 놀아보아요~!

1 라면 용기에 양면테이프를 붙여주세요.

2 양면테이프의 종이를 떼어내고 탈지면을 붙여 구름을 표현해주세요.

3 '여름'하면 생각나는 단어들을 떠올려 도화지에 적어보세요.

4 3에서 적은 단어들을 잘라 분류 기준을 세워 단어들을 모아보세요.

5 색종이를 물방울 모양으로 접어줍니다. 물방울 색종이에 4에서 자른 여름 단어들을 붙여주세요.(물방울 접기 016쪽 참조)

6 OHP 필름을 길게 잘라 라면 용기 안쪽에 투명테이프로 붙여주세요. 길게 자른 OHP 필름에는 4에서 분류한대로 5에서 만든 색종이를 붙여주세요. 라면 용기의 위쪽에 구멍을 내고 지끈을 달아 완성합니다.

> 물의 순환에 대해서 아이와 이야기 해 보세요. 어린이백과 사이트에서 '물의 순환'을 검색하면 아이가 이해하기 쉬운 그림과 글로 설명해주고 있어요.

여름 물방울
많이도
모았네!

아이가 만든 여름 비구름은 여름 내내 매달아 두고 수시로 볼 수 있도록
해주세요. 아이가 새로운 여름 단어를 발견하면 물방울을 더 접어 이어
붙여주세요. 여름이 끝나갈 무렵 얼마나 많은 여름 물방울을 모았나 아
이와 살펴보고 칭찬해주세요.

🐞 플러스 활동

알록달록 우산 쓰고 가요!

OHP 필름에 우산 모양을 그리고 칼로 도려낸 뒤 도화지 위
에 두고 물감을 묻힌 폼폼이를 두드려서 여름 그림을 그려
보아요. 간단한 스텐실 기법으로 아이만의 특별한 여름 그림
을 완성할 수 있답니다. 칼 사용은 위험하니 엄마가 대신 해주
세요.

준비물
OHP 필름, 칼, 물감, 폼폼이, 도화지

★ 우리 집에 봄이 왔어요!

개나리 꽃꽂이 만들기 ★

[교과연계] 봄 1-1. 2단원 도란도란 봄 동산

준비물 ✂

- 색종이
- 가위
- 나뭇가지
- 글루건
- 유리병

봄이 오면 제일 먼저 피는 꽃 중 하나가 개나리입니다. 노란색 개나리는 재잘대는 병아리처럼 귀엽게 느껴지는 봄꽃이 아닌가 싶은데요. 아이들과 노란 개나리를 접어서 집 안을 장식해 보면 어떨까요? 아이들과 접은 개나리꽃을 산책 나갔다 주워온 나뭇가지에 붙여 진짜 봄꽃이 핀 것처럼 집 안에 전시해두고 봄을 느껴 보세요.

놀이 전 초등교과 알고 가기

색종이 접기는 유아기부터 꾸준히 해주면 좋은 활동입니다. 색종이를 접으며 다양한 미술적 표현 방법을 배울 수도 있고, 초등에서 배우게 되는 수, 도형, 분수, 대칭 등 다양한 수학적 요소를 색종이 접기 활동을 통해 익힐 수도 있어요. 아이와 함께 종이접기를 하면서 수학적 요소를 말 속에 넣어 표현해 보세요!

놀이로 쉽게 이끄는 엄마표 한마디

"색종이를 반으로 접으니까 기다란 네모 두 개가 생겼네!"
"노란색 색종이를 보니까 생각나는 것 없어? 엄마는 노란 병아리가 생각나네! ○○는 뭐가 생각나?"

접은 선
자르는 선

1

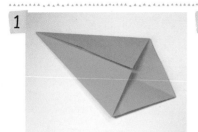

색종이를 가로세로로 4등분한 뒤 대각선 방향으로도 4등분 해주고 모서리 4개를 모두 아이스크림 접기(014쪽 참조)해줍니다.

2

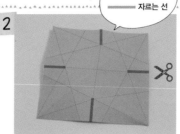

접은 것을 펼쳐서 각 면의 중심부터 표시한 부분까지 가위로 잘라주세요.

3

모서리 4개를 모두 모아 접어줍니다.

4

모아 접은 모서리의 끝부분을 안쪽으로 접어줍니다.

5

색종이를 십자 모양으로 접었다 펼치기를 여러 번 해줍니다. 5번 접기를 많이 하면 6번을 쉽게 접을 수 있어요.

6

사진과 같이 십자 모양이 되도록 모아 줍니다.

7

손가락을 넣어서 꽃잎이 되는 부분을 펼쳐줍니다.

8

같은 방법으로 여러 개 접어서 나뭇가지에 글루건으로 붙여주세요. 아이가 어리면 종이 크기를 크게 해서 접어주세요.

놀이로 이끄는 팁
엄마 개나리는 꽃이 먼저 필까, 잎이 먼저 나올까? 개나리처럼 꽃이 먼저 피는 봄꽃 아는것 있어?(진달래, 목련, 산수유 등이 잎보다 꽃이 먼저 먼저 핍니다.)

봄 노래
뭐가
있을까?

"개나리 노란 꽃그늘 아래.." 아이들과 종이접기를 하면서 봄 노래를 신나게 불러 보세요. 아이가 노래를 모르면 봄 노래를 배워보는 시간을 가져도 좋을 거예요.

▶ 봄 동요 : '봄', '꼬까신' 등

플러스 활동

동그라미 봄꽃이 피었네!

동그란 플라스틱 컬러링은 이어주면 고리 교구처럼 활용 가능하고 모양을 만들어 붙이면 간단하게 미술 놀이로도 활용이 가능하답니다. 캔버스 액자에 붙여서 아이만의 초간단 미술 작품을 완성해 보세요.

준비물

플라스틱 컬러링, 펠트지(또는 색종이), 캔버스 액자(또는 도화지), 가위, 목공용 풀

12

⭐ 감사의 마음을 전해요!

카네이션 액자 만들기 ⭐

[교과연계] 여름 1-1. 1단원 우리는 가족입니다

준비물 ✂️

- 색종이
- 음료 슬리브
- 우드락
- 색골판지
- 핑킹 가위(생략 가능)
- 가위
- 풀
- 글루건
- 리본끈 조금
- 색지

5월은 카네이션의 달이라고 불러도 무방할 만큼 어버이날, 스승의날 등 카네이션을 선물할 일이 많지요. 어버이날이나 스승의날에 꽃을 사서 감사의 표시를 할 수도 있지만, 아이가 고사리 손으로 꼭꼭 눌러 접은 색종이 카네이션에 직접 쓴 손편지 선물을 받으면 할머니, 할아버지는 물론 선생님도 굉장히 기뻐하실 거예요. 선물을 위해 종이접기도 하고 편지도 쓰는 아이의 정성이 듬뿍 들어있어 그 어떤 선물보다 뜻 깊을 거예요.

놀이 전 **초등교과 알고 가기**

초등 1학년 여름 교과서 1단원에서는 친척에 관한 내용이 생각보다 비중 있게 다뤄지고 있습니다. 요즘처럼 친척들을 보는 일이 드문 핵가족 시대에는 아이들도 친척이란 존재에 대해 궁금해 할 텐데요. 할아버지와는 몇 촌일까, 촌수가 무엇인지, 친척들과의 관계는 어떻게 되는지 만들기 놀이를 하면서 알려주세요. 촌수를 신기해하면서 다른 친척들과의 관계도 궁금해 할 거예요.

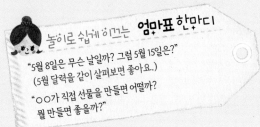

놀이로 쉽게 익히는 **엄마표 한마디**

"5월 8일은 무슨 날일까? 그럼 5월 15일은?"
(5월 달력을 같이 살펴보면 좋아요.)

"○○가 직접 선물을 만들면 어떨까?
뭘 만들면 좋을까?"

함께 놀아보아요~!

1

색종이를 4등분해서 접어줍니다.

핑킹 가위가 없으면 뾰족뾰족하게 잘라주세요.

2

핑킹 가위를 이용해서 부채꼴 모양으로 잘라주세요.

3

반원 모양으로 펼친 뒤 3등분하고 모아 접어주세요.

4

초록색 종이를 길게 말아 접어 줄기를 만들고, 다른 색종이를 길게 잘라 잎을 만들어주세요.

5

작은 직사각형 모양으로 자른 초록색 종이를 감싸서 꽃과 줄기를 이어 붙여주세요.

6

우드락 한 면에 색지를 붙이고 색골판지는 우드락보다 4면이 0.5cm 작게 잘라주세요. 음료 슬리브를 화분 모양으로 잘라줍니다.

7

우드락에 색지나 색골판지를 붙이고 그 위에 자른 음료 슬리브를 붙인 후 만들어 둔 카네이션 꽃을 붙여서 화분을 완성합니다. 리본이 있다면 달아주세요.

8

색지를 얇게 접은 후 꺾어 뒷면에 붙여주면 고리가 됩니다.

감사 편지
써보자!

만든 액자의 뒷면에 편지를 써서 붙이면 어떨까요? 어버이날이나 스승의
날에 아빠, 엄마, 또는 할아버지, 할머니 아니면 선생님께 감사의 편지를
간단히 써서 봉투에 넣고
붙여서 선물해 보세요. 직
접 만들어 드린 뿌듯함은 물론 받는 분
도 고사리 손으로 만든 아이의 선물에 더
기뻐할 거예요.

준비물 만든 액자의 크기에 맞는 편지지, 편지봉투

플러스 활동

카네이션 카드

색종이를 아코디언 모양으로 접고 색지 사이에 붙
이면 카네이션 카드를 만들 수 있습니다. 아이가
직접 만든 카드를 어버이날, 스승의날 등에 선물해
보세요.

👉 자세한 만들기 방법 블로그 검색어 : **카네이션 카드**

준비물 색종이, 색지, 풀, 양면테이프, 가위, 펜

★ 책 쇼핑하러 가볼까?

북 커버 쇼핑백 만들기 ★

[교과연계] 가을 2-2. 2단원 가을아 어디에 있니 / 국어 1-2. 1단원 소중한 책을 소개해요

준비물 ✂

- 북 커버
- 양면테이프
- 리본 끈
- 펀치
- 가위

유아에서 초등 시기에는 책을 많이 읽어 독해력을 기르는 것이 중요해요. 수학 문제도 독해가 기본이 되어야 풀 수 있는 문제들이 점점 많아지고 스토리텔링 등 책 읽기를 기본으로 하는 활동들이 점점 많아지고 있으니까요. 어릴 때부터 책과 친해지고 책을 좋아하는 아이로 만들고 싶은 것이 모든 부모님들의 바람이 아닐까 싶어요. 가끔 책을 사보면 커버가 씌워진 책들이 있지요. 저는 북 커버를 벗겨서 따로 모아두곤 하는데요. 아이들이 책과 친해질 수 있는 활동이 무엇이 있을까 고민하던 차에 북 커버로 쇼핑백을 만들면 좋겠다는 생각이 들었답니다. 아이들과 신나게 책을 읽고, 북 커버로 쇼핑백을 만들어 아이들이 읽고 싶은 책을 담거나 전단지를 잘라서 장보기 놀이도 하며 신나는 독후 활동을 해 볼까요?

놀이 전 **초등교과 알고 가기**

통합교과 가을 1-2에서는 이웃과 가을에 대해서 다루고, 가을 2-2에서는 동네와 가을에 대해서 다룹니다. 1학년 가을 교과서는 추석에 중점을 두고 다루었다면 2학년 가을 교과서는 가을에 대해서 좀 더 폭넓게 접근해요. 가을의 소리, 가을의 열매 등 조금 더 가을이라는 주제에 가까이 다가가게 되지요. 가을 하면 '독서의 계절'이란 것도 빠지지 않아요. 아이들과 책과 관련된 활동을 하고 가족들이 좋아하는 책도 찾아서 읽어보며 가을을 맘껏 느껴 봅시다.

놀이로 쉽게 이끄는 **엄마표 한마디**

"책에는 왜 이렇게 커버를 씌워 뒀을까?"

"○○가 제일 좋아하는 책은 뭘까? 왜?"
(가족들이 좋아하는 책을 서로 소개해주고 왜 좋아하는지 이야기 나누면 좋아요.)

북 커버를 반으로 접고 하나로 이어 지도록 안쪽에 양면테이프로 붙여주 세요.

양쪽을 2~3cm 정도 앞으로 접어줍 니다. 북 커버의 크기에 따라 적당히 조정해주세요.

양쪽을 다시 펼치고 아랫부분을 삼 각형 모양으로 접어줍니다. 북 커버 가 두꺼우면 납작한 도구를 이용해서 잘 눌러 접어주세요.

3에서 접었던 삼각형 부분을 펼쳐서 그림과 같이 육각형으로 펼쳐 접어주 세요.

펼쳐진 육각형 모양을 위아래로 겹치 도록 놓고 양면테이프로 붙여주세요.

쇼핑백 모양이 나오도록 아랫부분을 펼쳐줍니다.

펀치를 이용해 위쪽에 구멍을 뚫어주 고 리본을 끼운 후 매듭지어 손잡이 를 만들어보세요.

전단지가 있다면 아이와 간단한 장보기 놀이를 해 보면 어떨까요? 아이가 사고 싶은 물건을 잘라서 쇼핑백에 담고 물건 이름과 가격을 알아보세요. 아이가 자른 물건 사진들을 여러 가지 방법으로 분류해 보세요. 간단한 활동이지만 아이와 신나게 놀 수 있답니다.

준비물 마트 전단지, 가위

플러스 활동

독서통장 만들기

가을은 독서의 계절입니다. 한글을 쓸 줄 아는 아이라면 직접 독서통장에 차곡차곡 독서량을 기록해 보면 어떨까요? 한글을 모른다면 엄마가 대신 적어 보세요. 아이가 책 제목을 따라 적어 보면서 한글 공부도 할 수 있어요.

 독서통장 양식 블로그 검색어 : **독서통장**

⭐ 새로운 세상 속으로!
우유갑 속에 다른 세상 ⭐

[교과연계] 여름 2-1. 2단원 초록이의 여름 여행

준비물 ✂️

- 우유갑 큰 것
- OHP 필름
- 네임펜(매직)
- 가위
- 양면테이프
- 색종이
- 꾸미기 재료

제가 아이들과 미술 놀이할 때 가장 많이 쓰는 재료가 재활용품인데요. 우유갑은 잘라서 상자처럼 쓰기도 하고 꾸미기 재료로 쓰기도 하지요. 이 놀이는 우유갑 속에 다른 세상이 있다면 어떨까 하는 상상에서 시작되었어요. 아이와 함께 OHP 필름으로 반짝반짝 물고기들을 만들고 바닥에는 꾸미기 보석과 단추 등으로 아이의 상상력을 자극할 미술 놀이를 해 보면 어떨까요? 더운 여름날 아이와 시원한 선풍기 바람을 쐬며 상상 속의 바다 세계를 만들어보세요.

놀이 전 초등교과 알고 가기

초등 교과 과정에는 혼자 또는 모둠으로 주어진 과제를 표현해야 하는 활동들이 많아요. 아이의 표현력, 아이디어, 미술 재능 등이 두루 반영된다고 할 수 있지요. 모둠 활동 속에서 아이의 재능은 더욱 빛을 발하게 됩니다. 아이디어를 내고 주도하는 아이들이 친구들 사이에서 인기도 얻게 되지요. 꾸준히 엄마표로 여러 가지 활동들을 많이 했다면 놀이 속에서 스스로 창의력을 키우기 때문에 학교생활에서 자신감을 갖게 될 거예요.

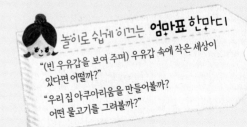

놀이로 쉽게 이끄는 **엄마표 한마디**

"(빈 우유갑을 보여 주며) 우유갑 속에 작은 세상이 있다면 어떨까?"

"우리집 아쿠아리움을 만들어볼까? 어떤 물고기를 그려볼까?"

1

우유갑을 깨끗이 씻어서 앞을 잘라 주고 옆면은 테이프를 붙여 막아줍니다.

2

OHP 필름을 길게 잘라 우유갑 안쪽 여러 곳에 붙여주세요.

3

OHP 필름에 검은색 네임펜으로 물고기 그림을 그려요. 혼자 그림을 그리기 어려워하면 물고기 그림을 출력한 후 OHP 필름을 위에 두고 출력물을 따라 그리게 합니다.

> OHP 필름을 뒤집어 색칠하지 않으면 검은색이 번지게 되니 주의해주세요.

4

물고기를 다 그렸으면 OHP 필름을 뒤집어 네임펜으로 색칠해주세요.

5

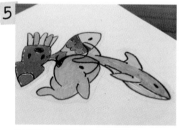

그려준 물고기를 잘라주세요.

6

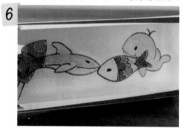

양면테이프를 이용해 우유갑 속에 미리 붙여둔 OHP 필름에 물고기를 붙여주세요.

7

색종이와 여러 가지 꾸미기 재료를 이용해 물속처럼 꾸며주면 완성됩니다.

와! 우리 집 아쿠아리움 이다!

아이와 아쿠아리움에 간 기억을 떠올려 보세요. 어떤 물속 생물들을 봤는지 생각해보면서 아이와 강 속 생물, 바닷속 생물 등을 이야기해 보세요. 어떤 물고기가 가장 좋은지, 왜 좋은지 아이와 이야기하면서 재미있게 활동해 보세요.

플러스 활동

뿌려서 그리는 물고기

종이에 물고기 그림을 그리고 수성 사인펜으로 색칠한 후 그 위에 분무기로 물을 뿌려보세요. 수성 사인펜이 퍼지는 모습이 신기하기도 하고 물놀이에 즐거워하는 아이의 모습을 보실 수 있을 거예요. 수성 사인펜을 너무 진하게 그리는 것보다는 연하게 그리면 더 예쁘게 표현돼요.

준비물 종이, 수성 사인펜, 물고기 그림, 분무기

15

⭐ 시원한 바람이 솔솔~!

공부가 절로 되는 부채 책 만들기 ⭐

[교과연계] 여름 1–1. 2단원 여름 나라 / 사회 3–2. 2단원 시대마다 다른 삶의 모습

준비물 ✂

• 색 도화지
• 하드 막대(또는 마분지)
• 양면테이프
• 가위
• 네임펜
• 물감
• 빵 끈(또는 할핀)
• 리본 끈

여름은 아이들과 놀이할 거리가 많은 계절인 것 같아요. 더운 날씨와 관련된 물건들, 음식들, 생활 모습 등 알아볼 거리가 많아서겠지요. 우리 선조들은 여름을 건강하게 보낼 수 있도록 더운 여름이 오기 전 단오날에 부채를 선물하던 풍습이 있었다고 해요. 건강한 먹거리를 먹고 여름을 무탈하게 보내라고 부채를 선물했다고 하지요. 이런 풍습을 보면 우리 선조들이 얼마나 지혜로운지 다시 한 번 감탄하게 됩니다. 아이들과 단오에 대해서 알아보고 부채도 만들며 어떻게 하면 더운 여름을 잘 날 수 있을지 이야기해 보면 어떨까요?

놀이 전 **초등교과 알고 가기**

통합교과서 봄, 여름, 가을, 겨울의 공통적인 특징은 책 속에 그림이나 사진이 많다는 것입니다. 그만큼 그림이나 사진을 통해서 아이가 읽어 내야 하는 부분이 많다는 이야기겠지요. 그러려면 다양한 배경 지식이 필요합니다. 모든 것들을 직접 체험하면 가장 좋겠지만, 그럴 수 없으니 책을 많이 읽고 독후 활동으로 다양한 활동들을 해 보는 것이 좋아요.

▶ 추천 동화책 : 청개구리 큰눈이의 단오 / 비룡소

놀이로 쉽게 이끄는 **엄마표 한마디**

"여름에는 어떤 명절이 있을까?"
"여름 하면 생각나는 것들이 있어? 어떤 물건이 가장 필요할까?"
"옛날 우리 조상님들처럼 부채 만들어서 더운 여름 잘 보내게 해달라고 하자!"

함께 놀아보아요~!

단오와 관련된
그림책을 미리 읽어보면
좋아요.

1

색지를 반원 모양으로 자르고 반으로
접어 이등분합니다.

2

반원을 6등분해서 아코디언 접기를
해준 뒤 앞쪽과 뒤쪽에 하드 막대를
양면테이프를 이용해서 붙여주세요.
(아코디언 접기 015쪽 참조)

3

단오와 관련된 그림 자료가 있으면 잘
라 붙여주고 아이가 스스로 책 속을
채우게 합니다. 한글을 못 쓰는 아이
라면 그림으로 그리거나 엄마가 대신
적어보세요.

단오는 음력
5월 5일로, 단오떡을 해먹어요.
여자는 창포물에 머리를 감고
그네를 뛰며, 남자는 씨름을 하면서
하루를 보내는 우리나라
명절입니다.

4

펜으로 표지를 꾸며준 후 하드 막대
에 리본 끈을 붙이고 예쁘게 묶어주
면 부채 완성!

5

또 다른 부채를 만들어볼까요? 하드
막대 아래 부분에 구멍을 뚫고 빵 끈
을 이용해 묶어보세요. 하드 막대에
구멍 내기 어려우면 마분지를 길게
자르고 펀치로 구멍을 낸 후 할핀으
로 고정해도 좋아요.

6

종이를 사진처럼 반원 모양으로 자르
고 12등분해서 아코디언 접기를 해줍
니다. 종이는 막대의 개수×2등분해
주면 됩니다.

7

접은 종이의 홀수 부분에 양면테이프
로 막대를 붙여주고 남은 종이는 가
위로 잘라 냅니다.

8

물감으로 종이를 꾸며주면 나만의 여
름 부채 완성!

옛날 물건?
오늘날
물건?

부채 만들기 활동을 하면서 아이들과 옛날 물건과 오늘날 물건에 대해 알아볼까요? 선풍기, 믹서기, 냉장고, 전기밥솥, 다리미 등 생활을 편리하게 바꾼 오늘날의 물건이 옛날에는 어떤 물건으로 대신했었는지 알아보고 과거에 비해 현재 우리 삶이 얼마나 편리해졌는지도 이야기를 나누어보세요! 미래에는 어떤 물건이 발명되었으면 하는지도 물어보고 아이와 다양한 이야깃거리를 만들어보세요.

🐞 플러스 활동

빨강 파랑 요술부채

더운 날씨에 아이들과 함께 읽기 좋은 옛이야기는 바로 '요술부채'입니다. 빨간 부채를 부치면 코가 길어지고 파란 부채를 부치면 코가 다시 줄어드는 요술부채 이야기를 재미있게 읽다보면 더운 여름 날씨도 잠시 동안은 잊혀지겠지요. 아이와 책을 읽고 난 후 종이접기로 요술부채를 접어보는 독후 활동을 해 보면 어떨까요?

👉 종이접기 검색어 : 요술부채접기

준비물
색종이(빨간색, 파란색), 하드 막대, 양면테이프(또는 풀)

16 가을을 한가득 담아 보세요!
가을꽃 만들기

[교과연계] 가을 1-2. 2단원 현규의 추석 / 가을 2-2. 2단원 가을아 어디에 있니

준비물 ✂

- 스테인드글라스 물감
- 투명 플라스틱 달걀판
- 송곳
- 압정
- 수수깡
- 색종이
- 가위
- 유산지
- 꾸미기 단추
- 꽃철사

가을 하면 단풍과 코스모스를 바로 떠올리게 되는데요. 가을이 되면 코스모스나 국화 등 가을꽃 축제를 많이 하지요. 저도 매년 아이들과 가까운 공원에서 열리는 코스모스 축제를 보러 간답니다. 축제에 다녀오거나 주변에 코스모스를 구경하고 왔다면 아이와 함께 가을꽃을 만들어 집 안에 장식해 보면 어떨까요? 평소에 자주 사용하지 않는 '스테인드글라스 물감'을 이용해서 재활용품 미술 놀이를 해봅시다. 투명 플라스틱 달걀판을 잘라서 물감도 칠해 보고 잘라 꾸미기를 해보며 가을 분위기를 만끽해 보세요.

놀이 전 초등교과 알고 가기

1학년 가을 교과서 2단원 '현규의 추석'에서는 '반가워요! 가을 친구들'이란 활동을 통해 가을에 자주 볼 수 있는 식물이나 곤충들을 살펴보세요. 추석을 주제로 가을을 알아보는 2단원에서는 '성묘 가는 길'이라는 추석 활동 속에 가을에 볼 수 있는 여러 모습들을 녹여낸답니다. 추석 때 아이와 성묘를 직접 가보고 오감으로 가을을 느껴보는 것이 제일 좋겠지요. 오감으로 느끼고 온 가을을 집에서 만들기 활동을 하며 한 번 더 느끼게 해주세요.

놀이로 쉽게 이끄는 엄마표 한마디

"가을 하면 떠오르는 것은?"
(가을 관련 수수께끼를 하면 좋아요.)
"코스모스 꽃잎은 몇 개인지 알아?
우리 직접 가서 보고 세어볼까?"

1

투명 플라스틱 달걀판에 달걀이 들어가는 부분만 가위로 잘라주세요. 위험하니 엄마가 해주세요.

2

스테인드글라스 물감으로 달걀판을 칠해주세요. 아크릴 물감이나 유성 매직으로 대신해도 됩니다.

3

가위로 꽃잎이 8개가 되도록 잘라주고 송곳으로 중간에 구멍을 뚫어주세요.

4

수수깡을 적당한 길이로 자르고 압정을 이용해서 달걀판을 꽂아 코스모스를 완성합니다.

5

유산지를 여러 겹 겹쳐주고 단추를 중심에 둡니다.

6

꽃 철사를 두 개의 단추 구멍으로 통과 시켜서 유산지 뒤로 뺀 후 빠지지 않게 꼬아줍니다. 미리 송곳으로 구멍을 뚫어두면 아이가 활동하기 좋아요.

7

유산지를 가위로 잘라서 풍성한 꽃잎을 표현해 국화를 완성합니다. 수수깡을 6에서 뒤로 뺀 꽃 철사에 꽂아 줄기를 만들어주세요.

8

투명 유리통에 코스모스와 국화를 같이 풍성하게 꽂아주면 가을 꽃병 완성!

아이와 만들기 놀이를 할 때 연상활동을 함께 해 보면 좋아요. 가을의 색을 말하고 아이가 떠오르는 단어를 이야기하는 것이지요. (예 분홍➡코스모스, 빨강➡단풍나무 등)

코스모스는 꽃잎이 몇 개일까?

자연은 참 신기하지요! 꽃마다 모양도 꽃잎 수도 다른 걸 보면요. 아이들과 산책 가면 나뭇잎이나 꽃잎의 수를 세어 보세요. 또한 꽃잎이나 나뭇잎의 모양을 살펴보며 대칭되는 모양을 찾아보는 활동도 재미있답니다. 아이와 산책하고 난 후에는 만들기 놀이로 이어주면 좋지요. 아이들과 꽃 만들기 활동할 때는 꽃잎 세기 활동(알록달록 꽃잎이 다 다르네!)도 같이 하면 좋아요.

플러스 활동

가을 나무를 찍어 볼까?

우드락을 나뭇잎 모양으로 잘라(위험하니 엄마가 해주세요) 길이가 긴 물건에 붙인 후 아이들과 물감 찍기 놀이를 해보세요. 크레파스로 나무 기둥을 그려준 뒤 물감을 콕콕 찍어 가을 나뭇잎을 표현해주면 돼요. 간단한 찍기 놀이만으로도 아이들은 깔깔 웃으며 즐겁게 활동할 거예요.

준비물 큰 도화지, 크레파스, 우드락, 칼, 길이가 긴 물건, 양면테이프, 물감

⭐ 우리나라는 대한민국!

실로 우리나라 지도 만들기

[교과연계] 겨울 1-2. 1단원 여기는 우리나라

준비물 ✂

- 시침핀
- 캔버스 액자
- 우드락(10mm)
- 우리나라 백지도 자료
- 실
- 가위
- 볼펜
- 종이 상자
- 양면테이프

요즘 '스트링 아트'라는 미술 기법이 인기가 많아요. 엄마표로 간단히 준비해서 아이와 해 보세요. 어렵지 않은 데다가 해 놓으면 인테리어 효과도 있는 미술 놀이입니다. 문구점에서 파는 캔버스 액자는 생각보다 비싸지 않아요. 가끔 이렇게 아이들 미술 재료에 조금 투자해서 놀이하면 작품의 완성도가 높아져 아이들도 좋아한답니다. 더 나아가 갤러리처럼 전시를 해 볼 수도 있어요. 아이가 만든 작품을 전시해두고 오고 가며 진짜 잘 만들었다고 칭찬하면 아이도 으쓱해 할 거에요.

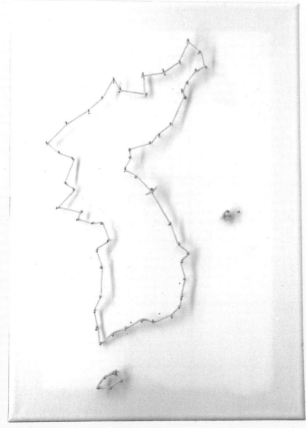

놀이 전 초등교과 알고 가기

유치원 누리과정 주제에 '우리나라'가 있어요. 누리과정의 우리나라 주제는 초등 1학년 겨울 교과서에서 이어지고 3학년부터는 사회 교과서에서 좀 더 세분화되어 다루게 됩니다. 유치원과 달리 초등 1학년 교과서는 우리나라뿐만 아니라 북한에 대해서도 다루니 아이와 지도 활동을 하면서 북한에 대해서도 함께 이야기 나누어보세요.

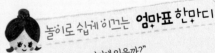

놀이로 쉽게 이끄는 **엄마표 한마디**

"우리나라는 어디에 있을까?"
(지구본으로 우리나라를 찾아보면 좋아요.)
"우리나라 주변에는 어떤 나라가 있을까?"

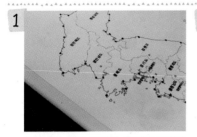

1 우리나라 지도 자료를 출력해 아이가 찍을 곳을 볼펜으로 표시하고 캔버스 액자에 테이프로 고정시켜 줍니다.

☞ 우리나라 지도 자료 검색어 : 우리나라 백지도

2 우드락을 잘라 캔버스 액자 뒤쪽에 양면테이프로 붙여주세요.

3 지도에 표시해둔 곳을 따라 볼펜으로 콕콕 찔러줍니다. 너무 깊게 찌르지 않아요.

> 시침판을 똑바로 세워서 꽂을 수 있게 해주세요. 시침판을 꽂는 활동은 아이의 집중력을 키우는 데 도움이 된답니다.

4 종이를 떼고 캔버스 액자에 남아있는 볼펜자국에 핀을 꽂아줍니다.

> 시침판을 꽂을 때 폭폭 들어가는 느낌을 상당히 재미있어 해요.

5 핀마다 털실을 감아 지도를 완성합니다. 아이가 어리면 핀의 개수를 줄여주세요. 아이가 집중하며 실 감기를 할 수 있도록 이끌어보세요.

6 핀이 튀어 나오지 않도록 딱딱한 종이 상자를 잘라서 뒤쪽에 붙여주세요.

우리나라가
여기
있었구나!

아이들과 우리나라 지도를 지구본에서 찾아보세요. 어느 나라 사이에 있는지, 주변은 바다로 둘러싸여 있는지, 어떤 모양인지, 우리나라처럼 3면이 바다로 둘러싸여 있는 나라는 또 어떤 나라가 있는지 등 아이와 지구본을 보며 이야기할 거리들은 무궁무진하답니다.

🐞 플러스 활동

우리나라는 산이 많을까?

찰흙을 조물조물하는 활동은 아이들이 너무 좋아하는 활동 인데요. 찰흙은 놀이 후 뒤처리가 힘들어 꺼리게 되는 엄마표 활동이기도 해요. 그래서 상자 뚜껑이 생기는 날이면 아이와 찰흙놀이를 하면 딱이에요. 상자 속에 아이가 만들고 싶은 작 품을 만들 수 있도록 해주세요. 흙이 바닥에 떨어져 더러워질 염려도 없고 만든 그대로 전시까지 가능하답니다. 이쑤시개로 우리나라의 산과 강을 표시해보며 우리나라 지형의 특징도 알아 보세요.

준비물
종이 상자 뚜껑, 찰흙, 이쑤시개

★ 징글벨 징글벨~!
크리스마스 종 만들기 ★

[교과연계] 겨울 1-2. 1단원 두근두근 세계 여행, 2단원 우리의 겨울 / 사회 3-2. 3단원 가족의 형태와 역할 변화

준비물 ✂

- 요구르트 통
- 굵은 빨대
  (없으면 도화지 말아서 사용)
- 양면테이프
- 반짝이
- 색종이
- 풀
- 아크릴 물감
- 가위
- 송곳
- 빵 끈
- 캔 뚜껑 손잡이
- 리본
- 글루건

겨울이 되면 아이들이 크리스마스만큼 기다리는 날이 또 있을까요? 일년 중 가장 기다리는 날이기도 해요. 저희 아이들도 초등학교 들어간 뒤 산타 할아버지의 존재를 알게 되어 서운해했지만 그 전까지는 크리스마스 전날 편지를 써놓고 소원을 빌기도 했었지요. 말 안 들으면 "산타 할아버지께서 선물 안 주신다!" 하면 말도 잘 듣던 때가 그립네요! 크리스마스가 며칠 남았을까 세어도 보고 아이들과 함께 트리 장식도 만들어보면 어떨까요? 재활용품을 이용해서 크리스마스 종을 만들어 신나게 흔들며 크리스마스 캐럴을 불러 보세요.

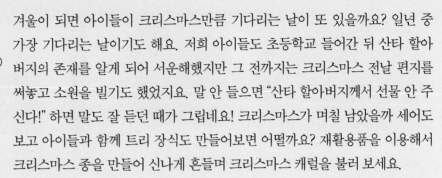

놀이 전 초등교과 알고 가기

통합 교과 겨울에서는 겨울에 대해 다양한 주제를 다루고 있어요. 교과서에 나오지 않더라도 겨울이라는 주제를 확장해 책을 읽고 놀이를 해 보면 좋아요. 우리나라 겨울 명절뿐만 아니라 다른 나라들은 어떻게 겨울을 즐기는지 함께 알아보는 것도 다양한 문화를 이해할 수 있는 좋은 기회가 될 거예요. 다른 나라의 겨울축제나 명절에는 어떤 것들이 있나 알아보고 언제부터 우리나라도 크리스마스를 즐기게 되었는지 알아보는 것도 다른 문화를 이해하는 데 큰 도움이 될 거예요.

놀이로 쉽게 이끄는 엄마표 한마디

"겨울 하면 생각나는 날이 뭘까? 왜?"
"산타 할아버지는 어느 나라 사람일까?"

함께 놀아보아요~!

요구르트 통을 아크릴 물감으로 색칠
해주세요. 하드 막대나 빨대를 붙여
들고 칠하면 편해요.

요구르트 통의 겉면에 양면테이프를
붙여주세요.

양면테이프 종이를 떼어내고 그 위에
반짝이를 뿌려줍니다. 양면테이프가
지나지 않는 곳에 묻은 반짝이는 잘
털어주세요.

굵은 빨대에 색종이를 말아 붙여서
손잡이를 만들어줍니다.

송곳으로 요구르트 통에 구멍을 뚫고
캔 뚜껑 손잡이를 빵 끈을 이용해 달
아 줍니다.

> 캔 뚜껑 손잡이는
> 날카로운 부분이있을 수
> 있으니 엄마가 준비해
> 주세요.

글루건으로 손잡이를 요구르트 통에
붙여주고 리본을 붙여 장식해주세요.

고요한 밤~
거룩한 밤~

우리 크리스마스 캐럴 불러볼까?
아이와 함께 만든 크리스마스 종을 흔들며 노래를 불러보세요. 딸랑딸
랑 소리가 진짜 종과는 달라도 아이만의 크리스마스 추억을 만들 멋진
종소리가 될 거예요.

플러스 활동

종이컵 트리를 만들어볼까?

종이컵을 이용해서 크리스마스트리를 만들어볼까요? 쓰고
난 종이컵을 깨끗이 씻어 말린 후 색종이를 잘라 붙여 나뭇
잎을 만들어보세요. 작은 스팽글이 있으면 붙여서 장식해주
세요. 큰 크리스마스트리가 없더라도 아이가 만든 작은 트리
로 크리스마스 분위기를 내 보세요.

준비물 종이컵, 색종이, 스팽글, 목공용 풀, 가위,
풀, 휴지심, 냉장 음료 뚜껑

19

★ 책 속으로 떠나는 세계여행!
세계여행 책 만들기 ★

[교과연계] 겨울 2-2. 1단원 두근두근 세계 여행 / 사회 3-2. 3단원 가족의 형태와 역할 변화

준비물 ✂

- 도화지
- 색지(머메이드지)
- 세계놀이 교육스티커
  (종이 나라)
- 가위
- 풀
- 펜

요즘은 아이들이 누리과정을 통해서 다양한 문화를 접해 보고 세계 여러 나라에 대해 배우고 있습니다. 어린이들의 눈에 우리나라와 다른 문화를 가진 세계여러 나라들은 신기함 그 자체겠지요. 아이들과 다른 나라에 관한 책을 읽어보고 스티커를 이용해 세계 여러 나라 정보가 들어있는 아이만의 책을 만들어보면 어떨까요? 도화지를 접은 후 자르면 쉽게 만들 수 있는 간단한 책이니 도전해 보세요!

놀이 전 초등교과 알고 가기

누리과정의 '세계 여러 나라'는 2학년 2학기 겨울 교과서에서 배우고, 3학년 사회 교과서에서 조금 더 깊이 있게 배우게 됩니다. 유치원, 초등 저학년 때 배우게 되는 것들은 그때 끝나는 것이 아니라 학년이 높아질수록 사회 등 다른 교과 속에서 확장되는 것이지요. 따라서 어릴 때는 간단하고 재미있게 놀이로 접근하여 이러한 주제들에 친숙해질 수 있도록 해주는 것이 좋아요.

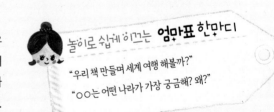

놀이로 쉽게 이끄는 **엄마표 한마디**

"우리 책 만들며 세계 여행 해볼까?"
"○○는 어떤 나라가 가장 궁금해? 왜?"

함께 놀아보아요~!

1

도화지를 16등분으로 접어줍니다.

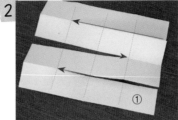

2

도화지를 그림처럼 세 칸씩만 어긋나는 방향으로 잘라주세요.

3

자른 도화지를 1번부터 시작해서 아코디언 접기 방법으로 접어주세요.(아코디언 접기 015쪽 참조)

> 종이나라 세계놀이 교육 스티커를 활용하면 스티커를 붙이는 활동만으로도 책 속 내용을 채울 수 있어요.

4

스티커를 붙이고 추가로 그림을 그리거나 글씨를 써주어도 좋아요.

5

앞뒤로 두꺼운 색지(머메이드)를 붙여줍니다.

6

책 제목을 적고 표지를 꾸며 주면 나만의 세계여행 책 완성!

네가 가보고 싶은 나라는 어디니?

다른 나라의 문화에 대해 관심이 많은 아이라면 다양한 방법으로 접근 하면 좋습니다. 책, 애니메이션, 영화, 다큐멘터리, 여행 프로그램 등 다 양한 콘텐츠를 이용해 보세요.

▶ 놀이에 도움이 되는 콘텐츠 : '출동 슈퍼윙스', '리틀 아인슈타인'

🐞 플러스 활동

여권 놀이를 해보자!

아이들과 여권을 만들어서 재미있는 여행 놀이를 해 보면 어떨까요? 여권 놀이 자료를 출력해서 진짜 다른 나라로 여행가는 것처럼 놀이를 해 보세요. 공항에서 생길 수 있 는 다양한 상황을 만들어 역할 놀이를 해 보면 더 재미있을 거예요.

👉 여권 놀이 자료 블로그 검색어 : **여권**

준비물
여권 놀이 자료

[교과연계] 여름 2-1. 2단원 초록이의 여름 여행 / 수학 2-1. 2단원 여러 가지 도형 / 수학 3-1. 6단원 분수와 소수 / 수학 3-2. 3단원 원

준비물 ✂

- 색지(빨간색, 초록색)
- 가위
- 풀
- 컴퍼스
- 연필
- 네임펜
- 여름자료
- 목공용 풀
- 수박씨

책 만들기 활동은 아이의 미술적 창의력뿐만 아니라 언어적 표현력에도 많이 도움이 되는 활동이에요. 저는 아이들과 꾸준히 책 만들기 활동을 했는데요. 방학 동안의 체험활동을 책 만들기로 많이 활용했답니다. 유치원 때와 초등 입학 후 책 속 내용을 채우는 것을 비교해 보면 매년 쑥쑥 크고 있다는 것을 느끼고 있어요. 아이가 어리면 간단한 한글 쓰기부터 시작하고 조금 더 크면 자신이 표현하고 싶은 내용으로 하나 둘 채우면 돼요. 이 활동을 통해 창의력이 쑥, 글쓰기를 통해 표현력이 쑥 커질 거예요.

놀이 전 **초등교과 알고 가기**

원 모양으로 책을 만드는 활동은 원에 대한 원리를 알아볼 수 있고 분수에 대해서도 알아볼 수 있는 좋은 기회입니다. 원을 그리는 방법을 알아보고, 접으면 어떤 모양이 되는지, 나누면 어떻게 되는지 등분을 통해 분수에 대해서도 설명해주세요. 원 모양의 책을 만들며 아이와 원을 잘라보고 "하나가 6조각이 되었네! 6조각 중의 한 조각이니 ⅙이네!" 하며 자연스럽게 분수 개념을 알려주세요.

놀이로 쉽게 이끄는 **엄마표 한마디**

"여름에 가장 좋아하는 과일이 뭐야? 왜?"

"여름 하면 생각나는 것들이 뭐가 있을까?"

함께 놀아보아요~!

1

초록색은 빨간색보다 1.5cm 더 크게 원 모양으로 자르고 두 장 모두 6등분하여 접어줍니다. 원을 그릴 때 콤파스가 없으면 냄비 뚜껑 등을 이용하면 좋아요.

2

초록색 종이는 한쪽만 가위로 잘라주고 빨간색 종이는 6등분한대로 모두 잘라준 뒤 같은 모양을 2개 더 만들어보세요(표지로 이용).

3

책 속에 들어갈 그림 자료들을 분류합니다. 출력하기 힘들면 자료 대신 그림을 그려서 대신해도 됩니다.

> 책 속에 들어갈 자료는 '여름을 부탁해! 여름 구름 만들기(155쪽)' 활동을 참고해 출력해줍니다.

4

빨간색 종이에 분류한 자료들을 붙여주고 펜으로 글씨를 쓰거나 그림을 그려서 꾸며줍니다.

5

빨간색 종이를 초록색 종이에 붙여주고 초록색 부분에 분류한 기준을 적어주세요.

> 수박씨가 있으면 앞표지에 붙여주세요.

6

부채꼴 모양으로 접어주고 2번에서 더 만들어둔 빨간색 종이를 앞뒤로 붙입니다. 책 앞표지와 뒷표지를 꾸며주면 수박책이 완성됩니다.

수박은 과일일까요? 아니면 채소일까요? 평소에 과일이라고 알고 있던 토마토, 딸기, 수박, 메론 등은 열매 채소랍니다. 나무에서 나는 열매인 과일과 다른 열매 채소들을 알아보세요. 과일의 다른 점도 찾아보도록 합니다.

수박은 과일일까? 채소일까?

🐞 플러스 활동

씨가 쏙쏙!

씨가 큰 과일을 먹고 난 후 씨를 깨끗이 씻어 말려 아이와 그림 그리기에 이용해 보세요. 아이가 스스로 붙이고 펜으로 그림을 그려서 의미를 붙여주세요. 아주 간단한 방법이지만 아이들은 무척이나 재미있어 하는 미술 놀이랍니다.

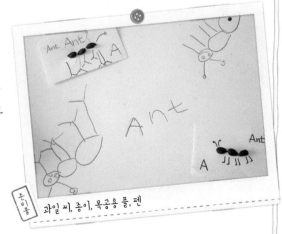

준비물 과일 씨, 종이, 목공용 풀, 펜

사고력 쑥쑥 교과놀이

21 ★ 지끈을 엮고 엮어
전통 옷감 만들기 ★

[교과연계] 가을 1-2. 2단원 현규의 추석 / 겨울 1-2. 1단원 여기는 우리나라

준비물 ✂

● 지끈
● A4용지
● 풀
● 가위

초등 1학년 겨울 교과서 1단원에서는 우리나라의 다양한 것들을 다루고 있습니다. 우리나라의 상징, 옷, 음식 등에서부터 더 나아가 북한과 통일까지 다루고 있지요. 또한 1학년 가을 교과서의 2단원에서는 추석을 주제로 우리나라 명절과 전통에 대해서 다루고 있습니다. 초등학교 저학년의 교과서에서 다루고 있는 우리나라 주제와 관련된 내용들은 생각보다 방대합니다. 아이들과 평소에 책을 많이 읽고 이야기를 나누면서 우리나라와 관련된 지식들을 먼저 접해 놓으면 초등학교 생활이 훨씬 재미있어지겠죠? 조금 어려울 수도 있는 주제이므로 아이와 간단한 미술 놀이를 하며 조금 더 쉽게 접근해 보면 어떨까요?

놀이 전 초등교과 알고 가기

초등교과서는 다루고 있는 주제에 대해서 바로 알려주기보다는 스스로 찾는 활동을 통해서 자료를 수집하도록 하고, 이러한 활동들을 통해 능동적으로 학습하게 합니다. 따라서 엄마는 평소에 아이의 어떤 궁금증에 대해서 무조건 알려주기보다는 아이가 스스로 찾아 볼 수 있도록 격려해주고 어떤 방법으로 찾아 볼 수 있는지 도와주는 것이 중요해요.

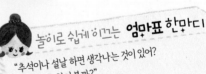

놀이로 쉽게 익히는 엄마표 한마디

"추석이나 설날 하면 생각나는 것이 있어? 관련 책을 찾아볼까?"

"옛날 사람들은 옷을 지금처럼 쉽게 사 입었을까 아니면 만들어 입었을까?"

1 지끈을 풀어보세요. 지끈을 풀며 아이와 다양한 이야기를 나누어보세요.

> 옛날에 입던 옷과 현대에 입는 옷, 한복 등에 대해 이야기를 나누어 보세요.

2 A4 용지의 가로 면에 푼 지끈을 끝부분만 풀로 붙여줍니다.

3 세로 면에는 다른 색의 지끈을 한쪽만 붙여준 뒤 가로 면의 지끈 아래로 교대로 통과 시켜줍니다.

> 옷감 짜기에 대해 잘 알 수 있는 그림책 : 옷감짜기(전통 과학 시리즈 2) / 보림

4 세로 면 한 줄이 끝나면 한 줄을 더 붙이고 3에서 통과한 것과 반대로 통과시켜 붙여주세요.

5 가로 한 줄, 세로 한 줄씩 교대로 붙여줘도 됩니다.

6 A4 용지를 다 채울 때까지 반복해서 작업해주면 지끈 베 짜기 완성!

옛날에는 어떤 옷을 만들어 입었을까?

아이에게 "옛날에도 지금처럼 따뜻한 옷을 입었을까?"라는 질문을 던져 보세요. 우리가 따뜻한 면으로 된 옷을 지어 입게 된 것은 고려시대 문 익점이 원나라에서 목화씨를 가져오면서부터지요. 문익점과 관련된 책 이 있으면 읽어봐도 좋고, 동영상 사이트에서 '문익점'을 검색하면 아이 들용 교육 영상이 많으니 참고해도 좋아요.

플러스 활동

지끈 코스모스

지끈을 풀어서 꽃을 만들어보세요. 하늘하늘한 느낌의 가을 코스모스를 표현하기 딱이지요. 꽃 철사가 있으니 지끈 코스 모스를 달아서 점토에 꽂아 꽃꽂이를 해 보세요. 가을빛이 가 득한 지끈 코스모스가 우리 집을 환하게 해줄 거예요.

자세한 만들기 방법 블로그 검색어 : **지끈 코스모스**

준비물 지끈, 꽃 철사, 가위, 풀, 플라스틱 통, 점토

22

천사 날개를 단
저금통 만들기

[교과연계] 겨울 1-2. 2단원 우리의 겨울 / 수학 2-2. 1단원 네 자릿수

준비물

- 단지 우유통
- 아크릴 물감
- 스티로폼 공(4cm)
- 목공용 풀
- 칼
- 수정액
- 도일리 페이퍼 원형(15cm)
- 빵 끈
- 네임펜

요즘은 겨울이 되어도 구세군 보기가 쉽지 않은 것 같아요. 겨울에 구세군 종 소리를 들으면 성탄절이 왔구나 하고 느끼던 시절에 비해 요즘은 겨울이라고 해도 겨울 분위기가 많이 나지 않는 것 같아요. 아이들도 구세군이 뭐하는 것 인지 잘 모를 뿐더러 길거리 기부 문화에 대해서도 낯설어 하더라고요. 아이들 과 천사 저금통을 만들어 동전을 모아보면 어떨까요? 연말에 불우한 이웃을 위해 기부해 보는 것도 뜻깊은 활동이 될 거예요. 아직 어려서 기부라는 것에 대해 잘 모를 테지만, 나보다 어려운 이웃들이 주변에 있다는 것을 알려주는 것도 좋아요.

놀이 전 초등교과 알고 가기

초등 교과서에는 겨울에 대해 다양하게 접 근합니다. 예전에 '겨울' 하면 떠오르던 구세 군, 연말 불우이웃돕기 같은 단어들이 요즘 아이들에게는 낯설게 되었지요. 아이들과 천사 저금통 활동을 하며 이웃돕기, 봉사, 기부 등에 대한 생각을 키워주세요.

놀이로 쉽게 이끄는 엄마표 한마디

"(매체를 통해서 보여주며) 빨간 옷을 입은 사람들은 뭐 하는 사람들일까?"

"OO는 저금통에 동전을 다 모으면 뭘 하고 싶어?"

1 아크릴 물감으로 우유통은 한 가지 색으로 칠하고, 스티로폼 공은 얼굴과 머리카락을 나누어 칠해주세요.

2 수정액을 이용해 우유통에 그림을 그려줍니다.

3 스티로폼 공을 목공용 풀로 우유통에 붙이고 네임펜으로 얼굴을 그려줍니다.

4 우유통 뒤쪽에 칼로 동전 크기의 구멍을 뚫어주세요.

> 칼 사용은 위험하니 부모님께서 해주세요.

5 빵 끈을 둥글게 말아서 스티로폼 공 위쪽에 꽂아줍니다.

6 도일리 페이퍼를 반 접어 아래쪽만 풀로 붙여주고 두 개를 겹쳐 붙여 천사 날개를 만들어줍니다.

모두
얼마일까?

저금통에 동전이 다 모였으면 아이와 함께 저금통을 뜯어서 모두 얼마나 모였는지 세어보세요. 돈을 세는 것은 아이들과 큰 수를 알아보기 좋은 활동입니다. 백 원짜리 열 개를 모으면 천 원이 된다는 것을 아이들에게 알려주세요. 동전을 세며 큰 수를 알아보세요.

플러스 활동

크리스마스 종이 장식

집에 프린터가 있다면 자료를 출력해서 다양한 크리스마스 장식을 만들 수 있어요. 아이와 함께 자르고 붙여서 아기자기하고 예쁜 크리스마스 장식을 만들어보세요.

크리스마스 장식 자료 검색어 : angel free printable

준비물 크리스마스 장식 자료, 가위, 풀

★ 해만 바라보는

해바라기 만들기 ★

[교과연계] 여름 1–1. 2단원 여름 나라 / 여름 2–1. 2단원 초록이의 여름 여행

준비물 ✂

- 색종이(15cm)
- 종이학 색종이(5cm)
- 과자 상자(마분지)
- 지끈
- 도화지
- 크레파스
- 가위
- 풀
- 띠 골판지

'여름' 하면 떠오르는 꽃은 단연 해바라기인데요. 콜럼버스가 신대륙을 발견하고 난 뒤 유럽으로 전해진 꽃이기도 하죠. 해가 있는 방향으로 활짝 피어있는 해바라기를 보면 어쩌면 저리 해만 바라볼까 싶기도 해요. 또 '해바라기' 하면 떠오르는 것은 반 고흐의 '해바라기' 그림이 아닐까 싶습니다. 아이와 해바라기와 관련된 자연관찰책을 살펴보고, 반 고흐의 그림들을 감상하면서 해바라기 작품을 만들어보면 어떨까요? 소근육 발달에 좋은 종이접기를 활용해서 멋진 해바라기 작품을 만들어봅시다.

놀이 전 초등교과 알고 가기

초등 1, 2학년에는 미술 과목이 따로 없어요. 대신 통합 교과서 활동 속에 그리기, 꾸미기, 종이접기 등 미술활동이 들어가 있답니다. 아이들과 놀이 속에서 꾸준히 종이 접기, 그리기, 만들기 활동들을 해준다면 초등 통합 교과 수업시간에 큰 도움이 될 거예요.

놀이로 쉽게 이끄는 엄마표 한마디

"○○는 어떤 꽃이 제일 좋아?"

"노란색하면 떠오르는 것이 뭐가 있을까?"

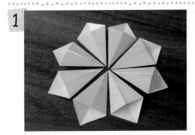

1

노란색 종이학 색종이 8장을 아이스크림 접기 해줍니다.(아이스크림 접기 014쪽 참조)

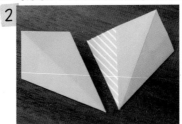

2

접은 종이를 뒤집어 노란 쪽이 보이게 한 뒤 한쪽 면을 펼쳐서 이어 붙여주세요.

3

8장을 모두 같은 방법으로 이어 붙여주세요.

4

색종이 2장을 길게 잘라 붙여 베 짜기 해주세요. (베 짜기 189쪽 참조)

5

4를 원 모양으로 자르고 3번에서 완성한 꽃 위에 붙여주세요.

6

작은 해바라기는 종이학 색종이 두 장을 어긋나게 붙이고 종이 가운데에는 색종이를 원모양으로 잘라 붙여주세요.

7

과자 상자를 화병 모양으로 자르고 지끈을 붙여주세요.

8

도화지에 배경을 색칠하고 접은 종이꽃과 화병을 붙여 작품을 완성해 주세요.

내가 화가라면 어떤 그림을 그릴까?

아이에게 다양한 화풍의 그림을 보여주세요. 초상화, 풍경화, 추상화, 한국화 등 다양한 그림을 살펴보고 따라 그리기도 해 보세요. 어릴 때의 다양한 미적 경험이 아이의 창의력을 키워 준답니다. 가까운 미술관이 있다면 아이와 방문해 보는 것도 좋은 경험이 될 거예요.

🐞 플러스 활동

명화 퍼즐 교구를 만들어요

명화 그림 자료를 출력해 뒷면에 고무 자석을 붙이고 아이의 연령에 맞게 조각 수를 정해서 잘라주세요. 어리면 4조각, 조금 더 크면 8조각 등으로 자르고 아이가 자석 칠판에 붙여 퍼즐을 완성해 보세요. 자석 칠판이 없다면 두꺼운 종이에 명화 자료를 붙여서 퍼즐을 만들어도 좋아요.

준비물 명화 그림 자료, 고무 자석

긴긴 겨울 밤 옛이야기를 듣는

호롱불 만들기

[교과연계] 겨울 1-2, 2단원 우리의 겨울 / 국어 1-2, 10단원 인물의 말과 행동을 상상해요

준비물

- 티라이트
- 종이컵
- 지끈
- 가위
- 빨대
- 글루건
- 냉장음료 뚜껑
- 펜

잠들기 전 책을 읽어줘도 좀처럼 잠들지 않는 날은 불을 다 끄고 아이들에게 옛날 이야기를 해주곤 했었는데요. 그중 가장 좋아했던 이야기가 '꿀 먹은 꾀돌이'라는 전래동화였어요. 수십 번 들었던 이야기에도 아이들은 매번 재미있다고 깔깔대던 기억이 나네요. 지끈 전등을 만들어 머리맡에 켜두고 아이에게 도란도란 옛이야기를 들려주면 어떨까요? 엄마가 아이에게 아니면 아이가 엄마에게 이야기를 들려주며 기분 좋게 잠자리에 들어 보세요.

놀이 전 초등교과 알고 가기

잠자리에서 아이에게 동화책을 읽어주고 이야기를 들려주는 것은 아이들이 책을 사랑하게 만드는 방법입니다. 아이들은 아빠, 엄마가 읽어주는 이야기에 귀를 기울이며 듣는 능력은 물론 이야기를 해석하는 능력도 키우게 된답니다. 이러한 능력을 키워두는 것은 초등 국어에서 기본이 되는 독해력에 도움이 될 거예요.

놀이로 쉽게 이끄는 엄마표 한마디

"옛 이야기 중에 가장 좋아하는 이야기는 뭐야? 왜?"

"가장 좋아하는 이야기의 주인공은 누굴까?"

함께 놀아보아요~!

1 종이컵에 펜으로 자를 부분을 표시합니다. 홀수가 되어야 합니다.

2 가위로 종이컵을 잘라주세요.

3 지끈을 맨 아래에 끼우고 종이컵의 자른 부분을 왔다 갔다하며 한 바퀴 감아주세요.

4 같은 방법으로 지끈을 교차시키며 종이컵을 감아주세요.

5 손가락으로 눌러서 내려주며 최대한 지끈을 많이 감아주세요.

6 종이컵의 바닥 부분을 구멍을 뚫고 티라이트를 끼운 후 글루건으로 붙여주세요.

> 빨대에 색종이를 감아 붙여주고 알록달록하게 꾸며주세요.

7 티라이트 안쪽에 빨대를 사진처럼 글루건으로 붙여주세요. 빨대가 기둥이 되니 튼튼하게 여러 개를 붙여주세요.

8 종이컵을 뒤집어 냉장음료 뚜껑에 빨대를 붙이면 지끈 전등 완성!

어떤 옛이야기가 좋아?

아이들이 좋아하는 옛이야기는 어떤 것인가요? 전래동화는 옳고 그름, 착함과 악함을 다루고 있기 때문에 이야기를 들으면서 아이들의 가치관이 자연스럽게 만들어집니다. 아이와 함께 만든 전등을 켜두고 아이가 좋아하는 옛이야기를 도란도란 해 보세요!

플러스 활동

불을 어떻게 끌까?

전기가 발달되지 않은 옛날에는 촛불을 사용했어요. 아이들과 옛날처럼 직접 불을 붙여 전구 대신 불을 밝혀보세요. 아이들과 어떻게 하면 불을 끌 수 있는지 이야기를 나누어 보세요. 후 하고 입으로 바람을 불어 불을 끄는 방법 말고도 공기를 차단해서 불을 끄는 방법도 있다는 것을 알려주세요. 투명한 유리컵이 있다면 촛불을 켜두고 유리컵을 덮어 시간이 지나면 저절로 불이 꺼지는 것을 관찰해 보세요. 왜 불이 그냥 꺼졌는지 질문을 해 보고 불을 피우기 위해서는 공기가 있어야 한다는 것을 알려주세요.

준비물 **촛불, 작은 컵, 투명 유리컵**

★ 내 마음을 담아 줄게!

칭찬 카드 만들기 ★

[교과연계] 여름 1-1. 1단원 우리는 가족입니다 / 국어 2-1. 3단원 마음을 나누어요 / 국어 2-2. 10단원 칭찬하는 말을 주고받아요

준비물 ✂

- 편지봉투(가로형)
- 풀
- 가위
- 도화지
- 붓펜(또는 매직)
- 검은색 종이
- 색 젤리펜

칭찬을 싫어하는 아이가 있을까요? 아이들은 칭찬을 먹고 자라는 나무 같아요. 조그만 일이라도 칭찬을 해주면 더 잘하고 싶어서 애쓰는 모습이 눈에 바로 보이니 말이지요. 아이들과 선생님이나 가족, 친구들에게 칭찬받고 싶은 경우는 언제인지, 또 어떤 칭찬을 듣고 싶은지 이야기를 나누어 보고 카드에 아이가 듣고 싶은 말, 해주고 싶은 이야기 등을 적어보세요. 평소에 써보지 못했던 붓펜을 이용해서 정성껏 글자를 써 보세요. 한글을 모르는 아이라면 엄마가 멋진 문구를 쓴 글씨 자료를 보여주고 따라 적게 해도 좋아요. 칭찬과 관련된 말을 적어보며 칭찬이 주는 말의 힘을 느껴보세요.

놀이 전 초등교과 알고 가기

1, 2학년 교과서에는 마음을 표현하는 활동들이 많이 있어요. 아직 어린 아이들이기에 감정을 표현하는 것이 서툴기도 하고 다른 사람의 입장이 되어보는 경험도 부족하기 때문에 교과서 속에서 배우게 되는 것이겠지요. 가족끼리도 마음의 표현을 많이 해 보세요. 칭찬은 아이들을 쑥쑥 자라게 한답니다.

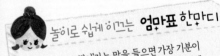

놀이로 쉽게 이끄는 엄마표 한마디

"엄마는 '수고 했어'라는 말을 들으면 가장 기분이 좋던데, ○○는 엄마한테서 가장 듣고 싶은 말이 뭐야?"

"누구한테 해주고 싶은 말이 있어? 왜?"

함께 놀아보아요~!

가로형 편지봉투를 준비해 주세요.

1

크기가 같은 편지봉투를 4개, 6개, 8개 등 짝수로 준비합니다.

2

편지봉투 한쪽에 풀칠을 해서 다른 편지봉투를 붙여주세요.

3

같은 방법으로 편지봉투를 계속 이어 붙입니다. 접히는 선에 맞춰 정확하게 붙여주세요.

4

모두 이어 붙였으면 아코디언 접기를 해주세요.

5

도화지를 편지봉투 크기보다 조금 작게 자르고 붓펜으로 좋은 말들을 적어주세요.

글씨를 적고 그림을 그려 꾸며줘도 좋아요.

6

글자를 쓴 카드를 편지봉투에 하나씩 넣어주세요.

7

종이로 글자를 자음 모음 따로 잘라서 아이와 한글 퍼즐 맞추기 놀이를 해도 좋아요.

첫 번째 편지봉투 겉면에는 검은색 종이로 글자를 만들고 흰색 젤리펜으로 꾸며 완성합니다.

멋진 문구를
적어
꾸며보자!

한글을 모르는 아이라면 캘리그라피 자료들을 보면서 따라 그려볼 수 있
도록 해줘도 좋아요. 한글을 떼지 못했다 해도 그림처럼 따라 그리다 보
면 한글을 익힐 수도 있어
요. 자신이 따라 그린 문구
를 보면서 읽어 보기도 하고 어떨 때 쓸
수 있는 칭찬인지 이야기도 나눠보세요.

캘리그라피 문구 검색어 : 칭찬하는 말 캘리그라피

플러스 활동

who is it?

동물 모양의 작은 카드들을 이어서 동물 책을 만
들어보세요. 만드는 방법은 칭찬 카드 만들기와
동일합니다. 동물 모양 카드를 활용하여 아이와
영어 단어 익히기, 동물 이름 알기 등 다양한 방법
으로 활용해 보세요. 꼭 동물 모양 카드가 아니더
라도 카드 봉투를 이어 붙여 한글 카드, 영어 단어
카드 등을 넣어서 활용해도 좋아요.

준비물 동물 모양 카드들, 풀, 종이, 펜

★ 가방 메고 어디 갈까?

소풍가방 만들기 ★

[교과연계] 봄 1-1. 2단원 도란도란 봄 동산

준비물 ✂

- 멸균 음료팩(900ml)
- 가위
- 스티커 색종이
  (또는 패브릭 스티커)
- 목공용 풀
- 벨크로
- 송곳
- 리본 끈
- 단추
- 스팽글 등 꾸미기 재료

봄이나 가을 같은 나들이 철이 되면 아이와 함께 밖으로 나갈 일이 많아지지요. 엄마와 함께 가방을 만들고 가방 안에 아이의 물건을 챙겨서 나들이를 해보면 어떨까요? 자신의 물건을 직접 챙기는 재미도 느끼고 물건을 잘 보관해야 한다는 책임감도 생길 거예요. 더 나아가 엄마의 짐을 덜어준다는 생각에 뿌듯한 마음도 생기겠지요. 돈을 주고 산 가방이 아닌 엄마와 함께 정성 들여 만든 가방은 아이가 더 소중히 여기고 잘 가지고 다니지 않을까요?

놀이 전 **초등교과 알고 가기**

1학년 봄 교과서에서는 봄에 대해 알아보면서 단순히 봄의 모습만을 알아보는 것에 그치는 것이 아니라 봄나들이에서 아이가 지켜야 할 약속들을 알아보고 더 나아가 환경보호까지 배우게 됩니다. 아이들과 다양한 재활용품으로 미술 놀이를 하면 어떻게 우리가 환경을 보호할 수 있는지 자연스럽게 이야기를 나눌 수 있는 기회가 될 거예요.

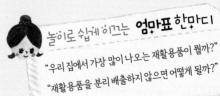

놀이로 쉽게 이끄는 **엄마표 한마디**

"우리 집에서 가장 많이 나오는 재활용품이 뭘까?"
"재활용품을 분리 배출하지 않으면 어떻게 될까?"

1 멸균 음료팩을 사진처럼 잘라 깨끗이 씻어 말려줍니다.

재활용품은 깨끗이 씻어서 배출해야 재활용이 가능하다고 알려주세요.

우유갑, 멸균팩 등 종이팩 종류는 따로 모아 배출한다는 것도 알려주세요.

2 뚜껑을 둥글게 잘라준 뒤 접었다 폈다 반복해주세요. 뚜껑이 되는 부분은 아이가 원하는 모양으로 잘라주세요.

3 스티커 색종이(또는 패브릭 스티커)를 잘라 음료팩에 붙여주세요. 스티커가 없으면 풀로 색종이를 붙여도 됩니다.

4 단추와 리본 등 꾸미기 재료를 이용해 가방을 꾸며줍니다.

5 벨크로를 뚜껑과 본체에 붙여주세요.

6 송곳으로 구멍을 뚫고 리본 끈을 끼워서 끈을 만들어줍니다. 봄나들이에 메고 나가면 딱 좋을 가방이 완성되었어요.

가방 메고
어디
가볼까?

아이가 가보고 싶은 곳을 알아보세요. 왜 가고 싶은지, 누구랑 가고 싶은지 알아보고 의견을 나누어 나들이 장소를 정해 보세요. 아빠, 엄마가 정한 장소가 아닌 아이가 정한 장소로 나들이를 간다면 자신의 의견이 중요한 역할을 한다는 것을 느끼고 뿌듯해 할 거예요.

🐞 플러스 활동

양파망 핸드백 만들기

양파망을 깨끗이 씻어 말린 후 끈에 구슬을 끼워 달아서 핸드백을 만들어보세요. 끼우기 활동을 통해 소근육을 발달시키고 재활용품을 다양한 방법으로 활용하다 보면 아이의 창의력도 키울 수 있어요.

준비물 끼우기 구슬, 양파망, 끈

★ 가을밤을 수놓는

사고력 쑥쑥 교과놀이 **27** **별 랜턴 만들기** ★

[교과연계] 가을 2-2, 2단원 가을아 어디 있니

준비물 ✂

- 티라이트
- 우유갑
- 아크릴 물감
- 양면테이프
- 칼
- 가위
- OHP 필름
- 별 모양 스티커
- 리본 끈
- 펀치

유난히 청명하고 하늘이 높은 계절이 가을이지요. 그래서인지 가을 밤하늘은 다른 계절보다 유독 아름다운 것 같습니다. 저는 가을이 오면 아이들과 천문대를 예약해서 가기도 하는데요. 다른 계절보다 맑은 날이 많아 별자리 관찰에 안성맞춤이랍니다. 아이들과 가까운 천문대를 방문해서 별도 관찰하고 가을 밤 별자리도 알아보면 좋을 거예요. 가을밤을 보고 온 뒤 아이와 가을밤을 비추던 별을 떠올리며 랜턴을 만들어보면 어떨까요? 우유갑에 색칠하고 별 스티커로 반짝반짝 별을 붙여 가을밤을 은은하게 비춰줄 나만의 랜턴을 만들어보세요.

놀이 전 초등교과 알고 가기

아이들과 미술 놀이하기 가장 좋은 계절이 가을이 아닌가 합니다. 단풍과 같은 계절이 변화되는 모습이 눈으로 바로 느껴지니 말이지요. 아이들과 계절의 변화를 매 계절마다 자주 이야기해주세요. 초등 1, 2학년 통합교과는 사계절을 주된 주제로 다루기 때문에 매 계절 그 계절에만 할 수 있는 일들을 경험하고 집에서 관련 책을 읽고 독후 활동을 해준다면 그 보다 더 좋을 수는 없겠지요.

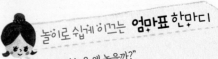

놀이로 쉽게 이끄는 엄마표 한마디

"가을 하늘은 왜 높을까?"
"가을에 볼 수 있는 것들은 뭐가 있을까?"

1 우유갑 위쪽은 세모 모양 두 개만 남기고 잘라주세요.

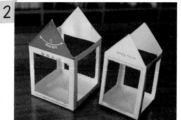

2 우유갑의 옆면 모두 가장자리를 0.7cm 정도 남기고 잘라주세요.

칼을 이용해야 하니 엄마가 해주세요..

3 아크릴 물감으로 우유갑을 색칠해주세요.

아이가 원하는 색으로 칠해주세요.

4 OHP 필름을 잘라 우유갑 안쪽에 양면테이프를 사용하여 붙여주세요.

5 OHP 필름에는 별 모양 스티커를 붙여주세요. 우유갑 위쪽의 세모 모양 부분을 펀치로 구멍을 뚫어주세요.

6 우유갑 안에 티라이트를 넣고 구멍에 리본 끈을 통과시켜 묶어주면 나만의 랜턴 완성! 어두운 곳에 두고 티라이트를 켜서 은은한 불빛을 보며 가을 밤을 떠올려 보세요.

네
별자리는
뭐야?

동양에는 띠가 있듯이 서양에는 별자리가 있어요. 아이의 별자리를 알아보고 별자리 운세도 알아보세요. 우리나라 띠와 서양의 별자리는 어떤 차이점과 공통점이 있는지 알아보세요.

🐞 플러스 활동

나만의 별자리를 만들자

아이가 별을 붙여서 자신만의 별자리를 만들어보도록 해주세요. 검은색 스티로폼 용기에 별 모양 스티커를 붙이고 수정액으로 연결해 보세요. 아이가 만든 별자리의 이름을 붙여보고 왜 그렇게 붙였는지 어떤 모양을 본뜬 것인지 이야기를 나누어 보세요.

준비물: 별 모양 스티커, 수정액, 검은색 스티로폼 용기

사고력 쑥쑥 교과놀이

28

우리 가족의 띠를 알아볼까?

12간지 동물 북마크 만들기

[교과연계] 겨울 1-2. 2단원 우리의 겨울 / 수학 1-1. 1단원 9까지의 수

준비물 ✂

- 색종이
- 가위
- 풀
- 눈 모양 스티커

새해가 오면 아이들과 띠에 대해서 알아본 적이 있을 거예요. 아빠, 엄마의 띠는 무엇인지, 형제, 자매의 띠는 무엇인지 알아보고 왜 띠는 12개인지, 순서는 어떻게 되는지 책이나 자료를 찾아 알아보세요. 아이와 종이접기를 하고 자르고 꾸미고 붙여서 우리 가족의 띠로 북마크를 만들어볼까요? 자신의 띠 모양을 한 동물 북마크를 좋아하는 책에 꽂아보세요. 읽고 싶은 책을 찾아서 마음에 드는 장면에 꽂아 두고 아이와 함께 책에 관한 이야기 시간을 가져도 좋아요. 책과 더 친해질 수 있는 좋은 놀이가 될 거예요.

놀이 전 **초등교과 알고 가기**

초등 1학년 때 순서수(서수)를 배우게 됩니다. 순서와 관련된 가장 잘 알려진 것이 열두 띠 이야기가 아닌가 싶어요. 아이들과 열두 띠 이야기를 통해 순서수도 배우고 새해가 오면 바뀌게 되는 띠에 관한 이야기를 나누어 보세요.

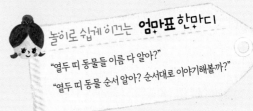

놀이로 쉽게 히끄는 **엄마표 한마디**

"열두 띠 동물들 이름 다 알아?"

"열두 띠 동물 순서 알아? 순서대로 이야기해볼까?"

함께 놀아보아요~!

색종이를 4등분 해줍니다.

펼쳐서 마주보는 두 모서리를 방석 접기 해줍니다.

펼쳐서 가위로 잘라주세요.

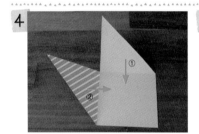

한 쪽은 접어 내리고 다른 한쪽은 풀 칠을 한 후 오른쪽으로 접어주세요.

책 모서리에 끼울 수 있는 북마크 모양이 완성되었습니다.

색종이, 스티커, 펜 등을 이용해 열두 띠 동물 모양을 꾸며주어 북마크를 완성합니다.

아이와 종이접기를 하면서 이야기책으로 읽었던 열두 띠에 대해 이야기를 나누어보세요. 소의 등에 타고 와서 1등한 생쥐, 아쉽게 탈락한 고양이 등 아이가 재미있게 읽은 부분이 어디인지 물어보며 활동하면 더 좋아요.

열두 띠
순서 알아?

'쥐', '소', '호랑이', '토끼', '용', '뱀', '말', '양', '원숭이', '닭', '개', '돼지' 등 12개 동물들의 순서를 외우기가 왜 이리 힘이 드는지요. 아이들은 이야기책을 통해서 순서를 외우는 것 같아요. 아이와 열두 띠 동물과 관련된 이야기책을 읽고 순서를 알아보고 한글과 영어 단어를 익혀보세요.

▶ 열두 띠에 대해 잘 알 수 있는 동화책 : 열두 띠 이야기 / 보림

플러스 활동

열두 띠 집게를 만들어볼까?

종이접시를 12등분해서 각 부분에 열두 띠 동물을 한글로 써주세요. 영어를 좋아하는 아이라면 영어 단어로 적어줘도 좋아요. 나무집게에는 열두 띠 동물 그림을 간단히 붙여서 한글 공부도 하고 순서도 알아보며 간단히 놀이해 보세요. 나무집게를 빼고 한글과 동물그림을 맞추어서 꽂기, 나무집게를 순서대로 세우기 등 열두 띠 동물이름과 순서를 익힐 수 있도록 놀아보세요.

준비물 종이접시, 네임펜, 자, 나무집게, 열두 띠 동물 그림 자료, 가위, 풀

29

⭐ 오늘은 몇 월 며칠?

1월부터 12월까지, 달력 만들기 ⭐

[교과연계] 수학 2-1. 6단원 곱셈 / 수학 2-2. 2단원 곱셈구구, 4단원 시각과 시간

준비물 ✂

- 플라스틱 병뚜껑
- 원형 스티커(2.5cm)
- 매직
- 장구핀
- 우드락
- 마스킹 테이프
- 도화지
- 빨간 색지
- 글루건

엄마와 함께 직접 달력을 만들어볼까요? 달력에는 많은 수학적인 요소들이 숨어 있어 수학 놀이에 많은 도움이 된답니다. 아이와 일주일의 개념과 매달 달라지는 날짜의 규칙 등을 알아보고 그 달의 중요한 날을 알아보는 시간도 가져보세요. 가족행사, 기념일과 공휴일 등도 알아보면서 그 달의 의미 있는 날들을 챙겨보는 것이 바로 살아있는 교육이겠지요.

놀이 전 **초등교과 알고 가기**

실생활에서 많이 쓰는 것들 속에는 수학적인 요소들이 많이 들어 있는데 그 대표적인 것이 달력이 아닌가 싶어요. 달력 알기는 초등 2학년 2학기 수학의 '시각과 시간' 단원에서 짧게 다루지만 몰라서는 안 되는 중요한 것이지요. 엄마표 달력을 만들어 직접 수의 규칙을 알아보도록 해요.

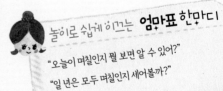

놀이로 쉽게 이끄는 **엄마표 한마디**

"오늘이 며칠인지 뭘 보면 알 수 있어?"

"일 년은 모두 며칠인지 세어볼까?"

1

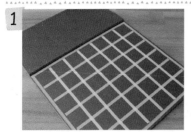

색깔 우드락에 마스킹 테이프로 달력 칸을 그려줍니다. 가로 7칸, 세로 6칸으로 만들어주세요.

2

플라스틱 병뚜껑의 안쪽에 글루건을 이용해 장구핀을 붙여주세요.

3

원형 스티커에 숫자를 써주세요.

4

스티커를 병뚜껑에 붙여주세요.

5

도화지와 색지에 요일, 달, 연도를 적어 우드락에 붙여주세요.

이 놀이는 42번 놀이 '우리 가족 행사 달력 만들기(251쪽)'와 연관이 있어요. 달력을 주제로 연계해서 활동하면 좋아요.

6

아이와 2의 배수, 3의 배수, 7의 배수 등을 알아보며 숫자 병뚜껑을 꽂아 달력을 완성합니다.

아이가 어리면 1부터 순서대로 꽂으며 수를 알아보세요.

홀수 짝수
알아볼까?

달력 교구이지만 30 이하의 수를 가지고 다양한 수 놀이도 할 수 있어요. 홀수만 먼저 꽂아 보고 이어서 짝수도 꽂아 보며 홀수 짝수에 대해 알아보세요.

🐞 플러스 활동

달력 스피드 퀴즈

못 쓰는 탁상용 달력이 있으면 달력에 어떤 주제를 정해 단어들을 적어주고 스피드 퀴즈를 해보세요. 역할을 바꿔가며 문제 내기, 맞추기를 해보면서 어휘력을 늘릴 수 있어요.

준비물 못 쓰는 달력, 매직펜, 스톱워치

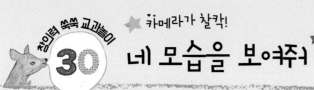

창의력 쑥쑥 교과놀이
30
★ 카메라가 찰칵!
네 모습을 보여줘 ★

[교과연계] 봄 2-1. 1단원 알쏭달쏭 나 / 국어 1-2. 9단원 겪은 일을 글로 써요 / 국어 2-2. 2단원 인상 깊었던 일을 써요

준비물 ✂

- 과자 상자
- 도화지
- 색종이
- 풀
- 칼
- 가위
- 냉장음료 뚜껑
- OHP 필름
- 단추
- 수수깡
- 리본 끈
- 마스킹 테이프(생략 가능)
- 목공용 풀

아이들의 모습을 찍어둔 사진을 정리하는 것도 큰 일 중의 하나예요. 저는 매년 한 해 동안 찍은 사진들을 정리해서 책으로 만들어주는 포토북 서비스를 신청해서 만들고 있는데요. 가끔 몇 년 전의 아이들 모습이 담긴 포토북을 보면 훌쩍 커버린 모습에 아쉽기도 하고 대견하기도 해요. 아이의 사진을 이용해 성장 이야기를 담을 수 있는 카메라를 만들어보면 어떨까요? 과자 상자를 이용해 카메라를 만들고 아이가 직접 고른 사진들을 이용해 이야기를 꾸며 보세요. 사진을 하나씩 바꿔 끼우며 엄마와 도란도란 이야기를 나누며 추억을 떠올려 보세요.

놀이 전 초등교과 알고 가기

2학년 봄 교과서에는 아이의 성장 이야기를 만드는 활동이 있고, 국어 교과서에는 겪었던 일들을 글로 써보는 활동이 있답니다. 아이와 어릴 때 사진들을 살펴보고 아이가 어떤 경험들을 했었는지 이야기를 나누어보면 어떨까요? 글쓰기를 좋아하는 아이라면 간단하게라도 직접 써보는 것도 좋아요. 글씨를 쓸 줄 모르는 아이라면 아이의 이야기를 직접 엄마가 적어주면 좋겠지요.

놀이로 쉽게 이끄는 엄마표 한마디

"(엄마, 아빠의 어릴 때 사진을 보여주면 좋아요.)
사진 속에 있는 사람이 누구인지 알아?"

"(옛날 사진을 보며) 언제 찍은 사진인지 기억나?"

1

색종이를 과자 상자에 붙여주세요.

2

상자 뒷면의 가장자리 1cm를 남기고 잘라주세요. 윗면은 양옆을 1cm 남겨 두고 칼로 구멍을 냅니다. 칼 사용은 위험하니 부모님께서 해주세요.

3

OHP 필름을 2에서 자른 사각형보다 크게 잘라 붙이고 테두리는 마스킹테이프를 붙여주세요. 마스킹테이프가 없으면 생략해도 됩니다.

4

상자 앞면은 음료 뚜껑으로 렌즈를 표현하고 작은 단추 등을 붙여 버튼을 표현해주세요.

5

도화지를 2에서 자른 윗면의 구멍 크기에 가로를 맞추고 세로는 상자보다 좀 더 크게 잘라 사진을 붙여주고 겪었던 일을 적어줍니다. 한글을 적을 수 있는 아이는 직접 적어주세요.

6

5에서 만든 사진을 2에서 잘라둔 구멍에 끼워 넣습니다.

7

리본 끈을 상자 양옆에 붙이고 단추를 붙여주면 카메라 완성!

이 사진은 누구 사진일까?

아이가 직접 만든 카메라를 들고 카메라 놀이를 하거나 아이가 고른 사진을 붙여둔 카드(놀이 5번)를 보면서 아이의 성장에 대해서 이야기를 나눠보세요. 5번에서 만들어둔 사진 카드들을 6번에서 바꿔 끼워주면서 사진에 대한 이야기를 나누어볼 수도 있겠지요. 해마다 달라지는 아이의 모습을 보며 성장이야기를 들려주세요. 아이의 사진뿐만 아니라 아빠, 엄마의 어린 시절 사진을 활용하여 같은 놀이를 해도 좋아요.

🐞 플러스 활동

찰칵 사진기를 만들어보자!

집에 있는 블록들을 이용해 카메라를 만들어보세요. 어떤 모양이든 상관없이 아이의 창의력이 자랄 수 있도록 자유롭게 표현하게 해주세요.

준비물 집에 있는 블록, 투명테이프

 **31** ⭐ 집을 지고 다니는 달팽이!

달팽이 메모 액자 만들기 ⭐

 창의력 쑥쑥 교과놀이

[교과연계] 여름 2-1. 1단원 이런 집 저런 집

준비물 ✂

- 컬러 종이접시
- 부직포
- 우드락
- 음료 슬리브
- 색 도화지
- 목공용 풀
- 가위
- 퐁퐁
- 스팽글
- 꾸미기 눈
- 양면테이프

아이들에게 집은 어떤 의미일까요? 아이와 집에 관련된 활동을 하면서 집이 주는 의미, 집에서 같이 살고 있는 가족의 의미 등을 이야기해 보면 좋을 거예요. "모든 사람들이 같은 모양의 집에 살고 있을까? 모든 사람들이 우리 가족과 같이 구성되어 있을까?" 등의 질문을 던지며 다양한 형태의 가족이 있다는 것을 알려줍니다. 요즘은 다문화 가정도 많은데요. 아이가 어릴 때부터 다양한 사회의 모습을 알아 간다면 편견 없이 자랄 수 있을 거예요. 아이와 함께 달팽이 메모판을 만들어 아이의 책상에 달아주세요. 가족들의 사진이나 메모를 꽂아 두면 엄마와 함께한 만들기 기억을 떠올릴 수 있을 거예요.

놀이 전 **초등교과 알고 가기**

여름 교과서에는 여러 모습의 가족들이 모여 있는 그림을 보고 이야기를 나누는 활동이 있어요. 평소 아이들과 책이나 영상물을 통해 다양한 사회의 모습을 알아보았다면 풍부한 이야깃거리가 나오겠지요. 어릴 때부터 사회의 다양한 모습에 관심을 가지고 생각을 키우는 기회를 가져 보도록 해요.

놀이로 쉽게 이끄는 **엄마표** 한마디

"○○는 어떤 집에 살고 싶어? 누구랑?"
"달팽이는 왜 무겁게 집을 지고 다닐까?"

함께 놀아보아요~!

큰 집을 지고 다니는 달팽이에 대해서 이야기를 나눠보세요.

1

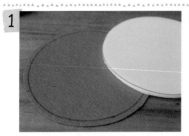

우드락과 부직포를 둥글게 잘라주고 부직포에 가윗밥을 넣어 양면테이프로 우드락에 붙여주세요.

우드락의 크기는 종이 접시의 중앙 부분의 크기에 맞춰 그려주면 돼요.

2

우드락을 컬러 종이접시 중간에 붙여주세요.

3

폼폼이로 컬러 종이접시와 부직포 사이를 꾸며줍니다. 폼폼이 색깔을 이용해 규칙 만들기를 하면 좋아요.

☞ 도움이 되는 동화책 : 달팽이는 왜 집을 지고 다닐까요? / 계수나무

4

음료 슬리브를 달팽이 몸통 모양으로 자르고 색도화지를 음료 슬리브에 붙인 후 테두리를 0.5cm 정도 크게 잘라 종이접시 아래에 붙여주세요.

5

음료 슬리브를 잘라 더듬이를 만들고 꾸미기 눈을 붙여준 뒤 스팽글로 장식해주세요.

6

우드락 부분에 핀으로 사진 등을 꽂아주면 달팽이 메모판 완성! 아이와 달팽이 메모판에 어떤 것을 붙이고 싶은지 왜 그런지 등을 이야기하며 아이가 원하는 것을 꽂아보세요.

달팽이 집을 지읍시다~

아이와 달팽이와 관련된 노래를 부르면서 만들기 활동을 하면 어떨까요? 여름 2-1 교과서에는 '달팽이 집'이라는 동요가 수록되어 있답니다. 아이와 '달팽이 집' 노래를 배워 보고 신나게 따라 부르며 만들기를 해 보세요. 아이와 노랫말도 바꿔서 불러보며 활동해 보세요.

플러스 활동

내가 만든 달팽이가 최고야!

집에 있는 가베나 쌓기 나무를 이용해서 달팽이를 만들어보세요. 쌓기 나무를 이리저리 맞춰서 아이가 스스로 만들기를 하다 보면 도형 공부도 되고 창의력도 쑥쑥 커지는 엄마표 놀이가 될 거예요.

준비물 가베 또는 쌓기 나무, 투명 테이프, 가위

32 ★ 지금 몇 시야?
접시 시계 만들기 ★

[교과연계] 수학 1-2. 5단원 시계 보기와 규칙 찾기 / 수학 2-2. 4단원 시각과 시간

준비물 ✂

- 하드 막대
- 숫자 스티커
- 컬러 종이접시
- 양면테이프
- 도화지
- 검은 색지
- 가위
- 송곳
- 할핀

저희 아이들은 시계가 있는 놀이책을 참 좋아해서 시계 보는 방법을 일찍 알려 주었던 것 같아요. 놀이책으로 시계 읽는 방법을 알려주기는 한계가 있어서 엄마표로 시계를 만들어 아이와 시계 놀이를 했더니 금방 깨우치는 것을 보고 역시 아이가 알고 싶어 할 때 가르쳐 주는 것이 가장 적기라는 것을 깨달았지요. 시계 읽기가 들어가는 동화책들을 함께 활용하면 더 좋아요. 동화책 속 시각을 읽어 보고 엄마표 시계로 똑같이 만들어보면서 아이와 신나게 시계 활동을 해 보세요.

놀이 전 초등교과 알고 가기

초등 1학년 2학기 수학 교과서에는 '몇 시'와 '몇 시 30분'을 알아보고 2학년 2학기에는 '몇 시 몇 분'을 알아보게 됩니다. 2학년 때는 시각을 읽는 방법뿐만 아니라 시간에 대해서도 알아보게 된답니다. 아이들과 엄마표 시계로 아이의 일상을 시각과 시간으로 표시해 보는 활동을 미리 해 보면 좋을 거예요.

▶ **시각**時刻 : 시간의 어떤 한 지점 예 3시 30분
▶ **시간**時間 : 어떤 시각부터 어떤 시각까지의 사이
　　예 1시간 30분(아침에 일어나서 학교에 가기 전까지 걸린 시간)

놀이로 쉽게 이끄는 엄마표 한마디

"○○는 몇 시 몇 분에 태어난 줄 알아?"
"시계에는 왜 시계침이 2개 있을까? 하나만 있으면 안 될까?"

함께 놀아보아요~!

1

컬러 종이접시 뒷면에 양면테이프를 붙여주세요.

2

하드 막대를 컬러 종이접시 뒷면의 양면테이프에 붙여주세요.

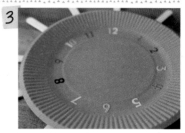

3

컬러 종이접시에 숫자 스티커를 이용해 1부터 12까지 붙여주세요.

What's the time, Mr Wolf?라는 책을 활용하면 시간에 대한 영어 표현도 함께 익힐 수 있어요.

4

도화지를 원 모양으로 자른 후 숫자 스티커를 붙여 5의 배수로 60까지 만들어보세요.

5

4에서 만든 숫자는 하드 막대 끝에 붙여주세요.

6

검은 색지를 시침과 분침 모양으로 자르고 송곳으로 구멍을 뚫어 접시 중간에 할핀으로 달아 줍니다.

하루의
일과를
알아볼까?

아이와 함께 하루의 일과표를 만들어서 시계로 시각을 만들어보세요. 어린 아이라면 몇 시 정도로 표시하고 시계를 곧잘 보는 아이는 몇 시 몇 분으로 구체적으로 시각을 표시해서 시계 보는 방법을 익혀 보도록 합니다. 시간의 개념은 시각을 정확하게 이해하고 있는 아이들에게 가르쳐주세요.

플러스 활동

손목시계 멋있지?

휴지심에 색종이를 붙이고 한쪽 부분을 자른 후 병뚜껑을 시계처럼 꾸며서 붙여보세요. 간단하게 손목시계를 만들 수 있어요. 아이가 가장 좋아하는 시간이 몇 시인지 물어보고 그 시간을 표시해 보면서 간단히 미술 놀이도 해 보세요.

준비물 | 휴지심, 병뚜껑, 모양 스티커, 색종이, 네임펜, 풀, 가위, 글루건

33

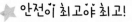
★ 안전이 최고야 최고!

교통안전 표지판 만들기

[교과연계] 안전한 생활 1, 2

준비물

- 색지 15cm×39cm 2장
  (내지용)
- 색골판지(표지용)
- 도화지
- 가위
- 풀
- 네임펜
- 색연필
- 교통안전표지판 자료
- 색종이
- 꾸미기 스티커

최근 안전의 중요성이 점점 커지면서 2015년 초등교과서가 개정되며 '안전한 생활'이라는 교과서가 새로 만들어졌어요. 학교에서부터 안전에 대한 중요성을 교육시키는 것은 어찌 보면 당연한 일인데 왜 이제 교과서가 만들어졌나 싶을 정도로 늦은 감이 있지만 이제부터라도 안전에 대해서 좀 더 많은 교육을 받을 수 있다니 다행입니다. 학교에서 뿐만 아니라 집에서도 안전에 대해 철저하게 교육하는 것이 필요해요. 아이들과 길을 갈 때 자주 보게 되는 교통안전 표지판부터 시작해 보면 어떨까요? 그림 속에 담고 있는 내용을 아이들과 이야기해보며 여러 가지 표지판들을 알아보세요.

놀이 전 초등교과 알고 가기

안전한 생활 교과서에는 학교에서의 안전, 시설물 안전, 교통안전 등 다양한 상황에서의 안전을 다루고 있습니다. 학교에서는 책으로 배우게 되는 것들을 집에서는 아이들과 직접 경험해 보고 알아볼 수 있어요. 아이들과 직접 길을 건너고 동네 주변을 다니면서 교통안전에 대해서 알아보도록 해요.
도로교통공단(www.koroad.or.kr)의 교통안전자료실에서 '교통안전표지일람표'를 다운받아 활동에 활용해 보세요.

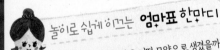
놀이로 쉽게 이끄는 **엄마표 한마디**

"도로에 교통안전 표지판은 어떤 모양으로 생겼을까?"
"(교통안전표지판 자료를 보여주며) 무슨 뜻인 것 같아?"

1 색지를 6등분하여 아코디언 접기를 해줍니다.(아코디언 접기 015쪽 참조)

2 한 장은 똑바로, 다른 한 장은 뒤집어서 접은 부분 중 홀수 번째만 반 잘라주세요.

3 자른 부분끼리 끼워서 넣어주면 내지(책 속) 완성!

4 도화지를 작게 잘라 안전 표지판을 그려줍니다. 사진 자료가 있으면 붙여줘도 됩니다.

5 표지판 그림을 내지에 붙여주고 스티커 등으로 꾸며줍니다.

> 붙인 안전 표지판이 어떤 의미인지 아이가 추측하게 해 보고 엄마가 자세히 설명해주어 안전의 중요성을 알려주세요.

6 앞뒤로 하드 막대를 붙이고 색골판지를 내지보다 조금 크게 잘라 붙여 표지를 만들어보세요.

7 표지를 꾸며주면 교통안전표지판 완성!

> 책을 완성하는 과정을 통해 안전의 중요성을 일깨우고 주변에 안전을 위해 표시해두는 여러 가지 표지판이 있다는 것을 알아볼 수 있는 활동이랍니다.

생활 속 다양한 표지판을 알아보자

교통안전표지판 외에도 일상에서 쓰이는 다양한 표지판을 알아보세요. 사진 자료도 좋고 관련 책을 찾아봐도 좋습니다. 표지판은 아이들의 안전과 직결된 것들이 많아 아이들과 표지판에 대해서 알아보는 활동은 매우 중요해요.

 플러스 활동

붕붕 자동차가 달려요

아이가 어리다고 해서 색종이 접기는 힘들겠지라는 생각은 하지 마세요. 저희 둘째는 오빠와 함께 세 살부터 색종이 접기를 했답니다. 어릴 때부터 색종이 접기를 접해서인지 소근육 발달이 빨라서 또래보다 더 꼼꼼하게 잘 만들더라고요. 아이와 다양한 주제를 가지고 종이접기를 해 보세요. 안전표지판에 대해서 알아보았다면 도로에서 무엇을 어떻게 조심해야 하는지 이야기를 나누어보고 신나는 영어 노래도 같이 따라 부르면서 종이접기를 해 보면 어떨까요? 동그란 바퀴는 정사각형 모양으로 작게 자른 색종이의 각 모서리를 뒤로 조금씩만 접어주면 되고 자동차 모양은 아이와 함께 의논하여 어떻게 접으면 자동차 모양이 나올지 생각해본 후 접어보세요.

👉 함께 부르면 좋은 영어 동요 검색어 : The wheels on the bus

준비물 도화지(또는 스케치북), 색종이, 가위, 풀

★ 덩더꿍 쿵덕!
우리나라 전통악기 만들기 ★

[교과연계] 가을 1-2, 2단원 현규의 추석 / 겨울 2-2, 1단원 두근두근 세계 여행

준비물 ✂

- 컬러 종이접시
- 전통문양 자료
- 사인펜
- 하드 막대
- 곡물
- 리본 끈
- 가위
- 풀
- 꾸미기 단추
- 양면테이프

아쉽게도 아이들과 우리 전통 음악 공연을 본 기억이 거의 없어요. 하지만 다행히도 우리 아이들이 다니던 유치원에서 종종 장구 수업을 해서 집에서 놀잇감으로 장구를 두드리는 흉내를 내며 신나게 놀이를 하곤 했답니다. 아이들과 집에서 우리나라 전통 풍물 놀이의 흥겨움을 알게 해주면 어떨까요? 관련 영상도 보여주고 아이들과 직접 만든 악기를 우리 장단에 맞춰 두드려보는 것이지요. 신나게 두드리면서 알게 모르게 쌓여 있던 스트레스를 풀 수 있을 거예요.

놀이 전 초등교과 알고 가기

가을 1-1 교과서에서는 풍물놀이와 전통악기들을 알아보고, 겨울 2-2 교과서에서는 세계 여러 나라의 악기에 대해서 알아보는 시간이 있어요. 아이들에게 우리 전통 악기나 다른 나라의 악기들을 직접 보여줄 기회가 많지 않지요. 영상자료를 통해서라도 아이들에게 여러 악기의 소리들을 들려주세요.

놀이로 쉽게 이끄는 엄마표 한마디

"옛날 사람들은 어떤 노래를 불렀을까?"

"옛날에도 지금처럼 가수가 있었을까?"

함께 놀아보아요~!

1

컬러 종이접시의 가장자리에 양면테이프를 붙여주세요.

2

또 다른 컬러 종이 접시의 양쪽에 리본 끈 두 개를 붙이고 아랫부분에는 하드 막대를 붙여주세요.

3

곡물을 접시 사이에 넣어보세요.

4

접시 두 개를 붙여주세요.

5

전통문양을 색칠해 잘라주세요.

6

접시 앞에 전통문양을 붙여주세요.

7

리본 끈 끝에 단추를 앞뒤로 붙여주고 하드 막대 하나에도 단추를 붙여주세요.

얼쑤!
우리 장단
알아보자

아이들이 만든 악기를 가지고 우리 장단에 맞춰 연주해 보세요. 덩덩 쿵
더쿵, 덩덩 쿵더쿵 아이와 신나게 두드리며 우리 장단을 알아보세요. 집
에 리듬악기나 소고 등이 있다면 엄마와 함께 합주하며 신나게 놀아 보
세요.

🐞 플러스 활동

곡물 마라카스

아이가 어리면 요구르트 통에 젓가락을 이용해 곡물 넣기
놀이를 해 보세요. 곡물을 넣어둔 요구르트 통은 입구를
랩으로 싸고 고무줄로 감아주면 흔들고 놀 수 있는 곡물
마라카스로 변신한답니다. 곡물집기를 하면서 소근육을 발
달시키고 마라카스를 흔들며 신나게 춤추며 신체활동도 해
보세요.

준비물 여러 가지 곡물, 젓가락(어린이용),
요구르트 통, 랩, 고무줄

★ 지구의 신비~!

35 땅 속 깊숙한 지구 모습 만들기 ★

[교과연계] 수학 2–2. 1단원 네 자리 수 / 수학 3–1. 5단원 길이와 시간 / 과학 3–1. 5단원 지구의 모습

준비물 ✂

- 색지(빨간색, 노란색, 주황색, 파란색)
- 색골판지
- 콤파스
- 가위
- 풀
- 리본 끈
- 양면테이프
- 펜

큰 아이가 5살부터 6살까지 지구와 태양계 등 과학에 엄청 몰입한 적이 있었어요. 그 나이에 어려워 보이는 백과사전을 가지고 다니며 진짜 천문학자가 될 것처럼 좋아하더니 다른 관심거리가 생기니 자연스럽게 관심이 없어졌답니다. 아이가 너무 좋아해서 직접 태양계 책도 만들어주고 관련된 지식 책도 엄청 찾아서 보여주던 때가 있었지요. 아이가 어리다고 어려울 거란 생각은 하지 말고 아이가 궁금해하면 적극적으로 도와주는 것이 좋아요. 과학을 좋아하는 아이라면 지구 내부의 모습은 아이들이 궁금해하는 것 중의 하나입니다. 간단히 색종이를 접고 잘라서 붙이면 그럴싸한 지구 모습을 표현할 수 있어요. 아이와 함께 만들어보고 지구가 얼마나 큰지 숫자도 적어보며 우리 지구의 모습을 알아보세요.

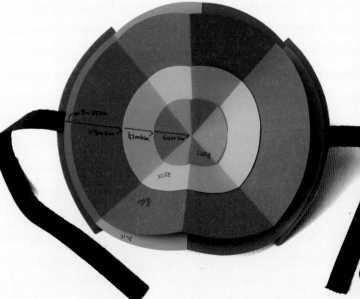

놀이 전 초등교과 알고 가기

아이들에게 큰 수를 어떻게 알려주면 좋을까요? 가장 쉬운 방법은 돈을 세어보는 거예요. 수학은 아이가 관심 있어 하는 부분을 연결시키면 더 쉽게 배울 수 있습니다. 과학을 좋아하는 아이라면 지구나 태양계와 같은 주제를 이용해서 큰 수를 알아보세요.

놀이로 쉽게 이끄는 엄마표 한마디

"지구는 얼마나 클까?"

"엄청 큰 지구를 숫자로 나타낼 수 있을까? 어떻게?"

1 색종이를 4등분해줍니다.

2 뒤집어서 대각선 방향으로 한 번 접어줍니다.

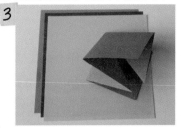

3 종이를 다시 뒤집어 대각선 부분을 안쪽으로 접어 넣으면 사각주머니 접기가 완성됩니다.

파랑, 빨강, 노랑, 주황 순서로 크기를 점점 작게해서 잘라줍니다.

지각(파랑), 맨틀(빨강), 외핵(노랑), 내핵(주황) 순으로 종이를 붙여주세요(주의 : 네 면을 다 붙이면 책이 접히지 않을 수 있어요). 어려운 개념이긴 하지만 지구가 이렇게 구성되어 있다는 것에 아이들이 신기해 할 거예요.

4 콤파스로 부채꼴을 그려서 잘라주세요.

5 가장 큰 순서부터 두고 크기 순서대로 겹쳐 한쪽 면만 풀칠해 붙여주세요.

6 다시 부채꼴 모양으로 접고 리본으로 감싼 후 양면테이프로 붙여주세요.

7 색골판지를 부채꼴 모양으로 잘라서 앞뒤로 붙여 표지를 완성합니다.

8 글씨를 쓰고 장식을 붙여주면 예쁜 지구 내부의 모습을 담은 책이 완성되었어요.

땅 속
깊이는
어떻게 될까?

아이와 지구 내부의 모습을 알아보고 ㎞라는 단위도 알려주세요. 얼마나 깊은지 숫자로 알아보고, 태양계의 다른 행성들의 크기를 통해 큰 수를 좀 더 재미있게 알아보세요.

어린이 백과 사이트에서 지구 내부에 대한 자료를 보여주며 활동하면 좋아요.

👉 어린이 백과 검색어 : **지구의 내부는 어떻게 생겼어요?**

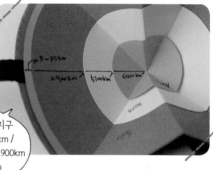

수로 알아보는 지구
내부 : 내핵 6,400km /
외핵 5,100km / 맨틀 2,900km
/ 지각 5~35km

🐞 **플러스 활동**

지구의 날이 있다고?

아이들과 지구와 관련된 활동을 할 때 환경오염 문제를 빼놓을 수 없지요. 우리가 살고 있는 지구를 어떻게 하면 보호할 수 있는지 이야기해 보고 지구의 날(4월 22일)에 대해서도 알아보세요. 지구의 날을 주제로 간단한 포스터를 완성해 보세요.

👉 지구의 날 그림 자료 출력 검색어 : **earthday coloring page**

준비물 지구의 날 그림 자료, 크레파스, 물감

36

★ 내 꿈이 둥실둥실!

꿈을 실은 열기구 만들기 ★

[교과연계] 봄 2-1. 1단원 알쏭달쏭 나

준비물 ✂

• 우드락
• 색지
• 색종이
• 도화지
• 글라스 데코펜
• 투명 반구
• 가위
• 풀
• 종이컵
• 리본 끈
• 마스킹 테이프(생략 가능)
• 목공용 풀
• 꾸미기 스티커

아이들의 꿈이 무엇인지 알고 계시나요? 저희 아이들은 어릴 때부터 꿈이 여러 가지가 있었지만 초등학교 입학한 후로는 꿈이 변하지 않고 있는데요. 아이가 관심 있어 하는 것과 관련된 직업들을 알려주고 나중에 어른이 되었을 때 좋아하는 것들을 할 수 있는 방법을 알려주니 자연스럽게 아이의 꿈으로 연결되었답니다. 큰 아이는 조립하고 만드는 것을 좋아해서 로봇공학자가 되는 것이 꿈이고, 작은 아이는 누구를 가르치고 놀아주는 것을 좋아해 선생님이 꿈이 되었어요. 꿈은 아이의 관심사에 따라 자주 바뀌지만 어릴 때부터 아이가 잘하는 것과 좋아하는 것을 찾아주고 어떤 직업들이 있는지 알려준다면 아이들의 꿈 찾기가 훨씬 쉬워지겠지요. 열기구에 아이의 꿈을 적어 띄워 보내는 활동을 통해 아이의 꿈을 응원해주세요!

놀이 전 초등교과 알고 가기

2학년 봄 교과서에서는 '나'를 주제로 다양한 것들을 다루고 있어요. 그중의 하나가 '꿈'입니다. 아이들의 꿈이 무엇인지 알아보고 그림으로 표현한 후 친구들에게 소개하는 시간도 가지게 되지요. 아직 꿈을 못 찾은 아이들이라면 다양한 꿈을 알아보고 아이가 좋아하는 것과 잘하는 것을 찾아서 아빠, 엄마가 꿈을 찾을 수 있도록 도와주세요.

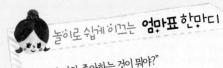

놀이로 쉽게 이끄는 **엄마표 한마디**

"○○가 가장 좋아하는 것이 뭐야?"
"○○는 어른이 되면 하고 싶은 일이 있어?"

함께 놀아보아요~!

아이와 열기구 사진들을 검색해서 보여주고 아이가 어떤 모양으로 만들어야할지 이야기를 나눠 보세요.

1

우드락에 파란색 색지를 붙여주세요. 남는 부분은 잘라주세요.

2

색종이를 반으로 접어 열기구 모양으로 그린 후 가위로 잘라주세요.

3

우드락에 열기구 모양을 붙여주고 도화지를 구름 모양으로 잘라 붙여주세요.

4

종이컵을 반으로 자르고 마스킹 테이프로 장식해주세요.

마스킹 테이프가 없으면 펜으로 그림을 그려줘도 좋아요.

5

글라스 데코 테두리 펜(검은색)으로 투명 반구에 그리고 싶은 무늬를 그린 후 말려줍니다.

6

글라스 데코펜으로 반구를 색칠해주세요.

7

반구와 종이컵을 목공용 풀로 붙이고 리본 끈을 연결해 열기구를 완성해주세요.

8

색종이에 아이가 되고 싶은 꿈을 적은 후 접어 종이컵에 넣어줍니다.

네 꿈은
뭐야?

아빠, 엄마의 어릴 때 꿈 이야기를 해 보세요. 아이와 아빠 엄마의 어릴 때 꿈을 함께 공유하며 이야기를 나눠보세요. 꿈을 가지면 무엇이 좋은 지 꿈이라는 것이 어떤 의미를 갖는지 이야기해 보고 아이가 자신의 꿈을 키워 나갈 수 있도록 응원해주세요!

플러스 활동

꿈 포스터를 만들어보자

신문 속 아이의 꿈과 관련된 낱말들을 잘라서 색 지에 붙여주세요. 그림도 그리고 글자도 써서 자신의 꿈을 써보세요. 간단한 문장이지만 자신의 꿈을 이야기해보는 것만으로도 의미 있는 활동이 될 거예요.

준비물 신문, 색지, 가위, 풀, 펜

★ 집 집 누구 집?

내가 살고 싶은 여쁜 집 만들기 ★

[교과연계] 여름 2-1. 1단원 이런 집 저런 집 / 겨울 1-2. 1단원 여기는 우리나라 / 겨울 2-2. 1단원 두근두근 세계 여행

준비물 ✂

- 검은색 스티로폼 포장 용기
- 수정액
- 과자 상자
- 전통문양 색종이
- 종이 상자
- 나무젓가락
- 이쑤시개
- 가위
- 목공용 풀
- 자연물 꾸미기 재료
  (생략 가능)
- 네임펜

검은색 스티로폼 포장 용기는 재활용 분리배출이 되지 않아 활용할 방법이 없을까 고민하던 차에 아이들과 미술 놀이할 때 활용하면 어떨까 하는 생각이 들었어요. 아이들이 그린 그림을 크기에 맞게 잘라 붙이면 액자로도 쓸 수 있고 아크릴 물감 등을 이용해 색칠하면 여러 가지로 활용이 가능하답니다. 아이들과 어떻게 하면 쓰레기를 줄일 수 있는지 생활 속에서 방법을 찾아보고, 재활용 가능한 것들에는 어떤 것들이 있을까 생각해 보세요. 생각보다 많은 재활용품들을 아이들 미술 재료로 활용할 수 있답니다. 쓰레기를 활용하여 아이들만의 미술 작품으로 만들어 즐겁게 놀이해 보세요.

놀이 전 초등교과 알고 가기

2학년 여름 교과서 1단원은 '집'을 주제로 다양한 활동들이 진행됩니다. 외형적으로 보이는 집의 형태부터 집 안에 살고 있는 구성원들의 역할까지 폭넓게 집이라는 주제를 다루고 있어요. 우리나라 전통 가옥을 만들어보는 미술 놀이를 진행하면서 집과 관련된 다양한 이야기를 주고받아 보세요. 집에 함께 사는 구성원들과 그들의 역할, 다양한 가족의 형태 등 생각보다 많은 내용들에 깜짝 놀라실 거예요.

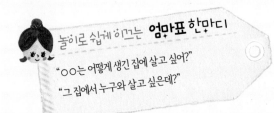

놀이로 쉽게 이끄는 **엄마표** 한마디

"○○는 어떻게 생긴 집에 살고 싶어?"
"그 집에서 누구와 살고 싶은데?"

함께 놀아보아요~!

아이들과 옛이야기 동화책을 읽고 활동해 보세요. 전래 동화책은 우리나라 전통의 생활모습을 알려주기 좋답니다. 아이와 함께 책을 읽을 때 배경이 되는 집을 잘 살펴보고 '옛날 집은 이런 모습이네'하며 아이가 직접 관찰하도록 유도합니다.

1 과자 상자에 전통문양 색종이를 붙여주세요.

2 나무젓가락을 잘라 상자 모서리에 붙여주세요.

3 종이에 문을 그리고 테두리에 이쑤시개를 붙여서 종이 상자에 붙여주세요.

아이가 책에서 봤던 집의 모습을 떠올리며 자유롭게 표현할 수 있게 해주세요.

4 검은색 스티로폼 포장 용기의 뒷면에 수정액으로 기왓장을 표현해주세요.

5 종이 상자를 자른 후 3에서 완성한 과자 상자와 4에서 만든 기왓장도 붙여주세요.

6 꾸미기 재료로 담장, 나무 등을 자유롭게 꾸며주세요.

다른 나라의 집들은 어떨까?

우리나라뿐만 아니라 다른 나라들의 전통 가옥이나 기후에 따라 각기 다른 집들의 모습도 살펴보세요. 옛날 집과 오늘날 집의 모습도 비교하며 알아보면 좋아요.

🐞 **플러스 활동**

추운 나라 사람들은 어디서 살까?

우리나라와 다른 기후에 사는 사람들은 어떤 집을 짓고 사는지 살펴보세요. 스티로폼이 있으면 작게 잘라 두었다가 아이와 함께 이글루를 만들어보면 어떨까요? 차곡차곡 쌓아서 이글루를 표현해 보세요.

준비물 스티로폼 조각, 목공용 풀, 도화지

★ 여름 친구들을 만나 볼까?

곤충 생태관 만들기 ★

[교과연계] 여름 2-1. 2단원 초록이의 여름 여행 / 과학 3-1. 4단원 자석의 이용

준비물 ✂

- 피자 상자
- 색 도화지
- 색종이
- 가위
- 풀
- 양면테이프
- 눈 모양 스티커
- 원형 스티커
- 수수깡
- 시침핀
- 클립
- 자석
- 나무젓가락
- 끈

여름에 강이나 연못으로 나들이 가본 적 있으신가요? 그야말로 곤충들의 천국이 아닐까 싶습니다. 언젠가 강 위에 수많은 소금쟁이들이 떠 있는 것을 보고 아이들과 엄청 신기해 한 적이 있었는데요. 아쉽게도 물속에 살고 있는 곤충들은 직접 관찰하기가 어려워 곤충 생태관을 방문하거나 관련 책 등을 통해서 알 수 있지요. 동글동글 물방개, 뾰족뾰족 게아재비 등 물가에 살고 있는 생물들의 특징을 알아보고 재미있는 별명도 만들어보세요. 클립과 시침핀을 이용해서 물속 생물들을 만들어보고 자석을 이용해 낚시 놀이도 하면서 여름 물가 생물들을 재미있게 알아봅니다.

놀이 전 초등교과 알고 가기

2학년 여름 교과서는 여름에 다양한 장소에서 만날 수 있는 생물들을 다루고 있습니다. 산, 강, 바다에는 어떤 생물들이 살고 있는지 생물들을 관찰해 보고 만들기, 그리기 등으로 표현하고 있답니다. 여름휴가 때 여행을 간다면 그 주변을 관찰하고 그곳에 사는 생물들을 살펴보는 시간을 가져보세요. 책으로 보고 말로 듣는 것보다는 직접 보고 만지고 느껴 보는 경험이 가장 소중할 테니까요.

놀이로 쉽게 이끄는 엄마표 한마디

"여름 하면 떠오르는 소리는?"

"여름에 많이 볼 수 있는 곤충으로는 뭐가 있을까?"

여름에 많이 볼 수 있는 물속 곤충 : 물방개, 게아제비, 소금쟁이, 물자라, 장구애비
(초등 2학년 통합 교과 여름 교과서에 실려 있습니다.)

함께 놀아보아요~!

수련 말고도 어떤 식물들을 물가에서 볼 수 있는지 아이와 알아보세요.

수생식물 : 부레옥잠, 개구리밥, 가시연, 수련, 애기부들, 갈대, 연, 창포

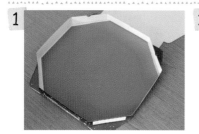

1 피자 박스의 크기에 맞게 파란색 색도화지를 잘라 붙여주세요.

2 색종이를 나뭇잎 모양으로 길게 잘라 겹쳐 붙여주세요.

3 색종이를 원 모양으로 자르고 접어서 수련을 표현합니다.

4 색종이로 만든 수련과 나뭇잎을 박스에 붙여서 연못처럼 꾸며줍니다.

5 병뚜껑에 양면테이프로 클립을 붙여주세요.

6 클립 위에 검은 색지를 잘라 붙이고 스티커를 이용해 물방개, 장구애비, 물자라를 표현해주세요.

아이와 여름철 물속에서 많이 볼 수 있는 곤충들을 미리 알아보고 활동하면 좋아요.

7 수수깡을 자르고 클립과 시침핀을 꽂아 소금쟁이, 게아재비를 표현해주세요.

8 막대에 자석을 매달고 물속 친구들을 잡아보세요. 누가 먼저 많이 잡는지 내기를 하거나 아이들과 게임을 하면서 신나게 놀아요.

뭐가 붙고
뭐는
안 붙을까?

만들기 한 곤충들 외에 다른 여러 가지 물건들을 함께 놓고 자석 막대로
잡아보세요. 어떤 것은 붙고 어떤 것은 안 붙는지 아이가 직접 체험하면
서 자석의 성질을 알아 볼
수 있답니다.

🐞 플러스 활동

네모난 물고기 나와라 얍!

네모난 모양의 물고기를 여러 개 접어줍니다. 여러 가지
색깔로 접어서 아이와 패턴, 대칭, 무늬 만들기 등 다양한
놀이를 할 수 있어요.

👉 • 종이 접기 검색어 : fish origami tutorial
　　 • 더 많은 색종이 물고기 활용 놀이 블로그 검색어 : **색종이 물고기**

준비물

색종이, 가위, 풀, 꾸미기 눈

★ 누가누가 더 멀리 갈까?

장난감 자동차 만들기 ★

[교과연계] 수학 1-1. 4단원 비교하기 / 수학 2-1. 4단원 길이 재기

준비물 ✂

- 휴지심
- 플라스틱 병뚜껑
- 나무 꼬치
- 글루건
- 물감
- 모양&숫자 스티커
- 가위
- 칼
- 송곳
- 매직

아이들과 장난감 자동차로 경주놀이를 해본 경험이 있을 거예요. 휴지심으로 자동차를 만들어 아이가 좋아하는 인형을 태운 후 자동차 경주를 해 보면 어떨까요? 마스킹 테이프로 바닥에 출발선을 그려서 아이들과 함께 "출발!"이라고 외치며 신나게 경주를 하는 것이지요. 비록 진짜 바퀴가 아니라서 뒤집어지기도 하고 뱅글뱅글 돌더라도 아이들은 직접 만든 것이라 더욱 즐거워할 거예요. 여러 가지 도형 스티커가 있으면 직접 꾸며도 보고 자동차 번호도 자기가 좋아하는 숫자로 정해보며 신나는 놀이를 해 보아요.

놀이 전 초등교과 알고 가기

초등 1학년 1학기에는 단순히 비교를 통해 길이를 알아보고, 초등 2학년 때 길이의 단위를 써서 좀 더 자세히 배우게 됩니다. 집안의 물건을 가지고 길이를 알아보세요. 크기 순서로 정렬도 해 보고 자로 직접 재서 길이도 알아보세요. 작은 물건부터 큰 물건까지 다양한 크기의 물건을 측정해 보는 활동을 직접 해보는 것이 좋아요.

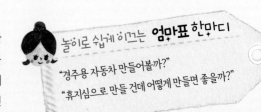

놀이로 쉽게 이끄는 **엄마표 한마디**

"경주용 자동차 만들어볼까?"
"휴지심으로 만들 건데 어떻게 만들면 좋을까?"

함께 놀아보아요~!

휴지심에 네모 모양으로 구멍을 뚫어줍니다. 위험하니 부모님께서 해주세요.

휴지심을 물감으로 색칠해주세요.

송곳으로 휴지심에 구멍을 뚫고 나무 꼬치를 끼운 후 가위로 꼬치 끝을 잘라냅니다.

글루건으로 나무 꼬치에 플라스틱 병 뚜껑을 붙여주세요.

숫자, 모양 스티커로 휴지심을 장식해주세요.

스티커와 매직으로 바퀴를 장식해주면 경주용 자동차 완성!

누가 가장 멀리 갔을까?

휴지심 자동차를 만들어 아이와 길이를 알아보는 활동을 해 보면 좋아요. 바닥에 마스킹 테이프로 출발선을 표시하고 여러 대의 휴지심 자동차를 경주시켜서 나온 거리를 비교해 보세요. 거리를 빼고 더하다 보면 큰 수의 덧셈과 뺄셈도 할 수 있답니다.

휴지심 자동차는 바퀴가 고정되어 있지만 아이가 미는 힘으로 나아간답니다. 가끔 뒤집어지고 이상한 방향으로 굴러가도 아이는 엄마와 활동한다는 것만으로 신나게 놀이할 수 있어요. 아이와 각자 맡은 자동차를 굴려서 나간 거리만큼 줄자를 가지고 거리를 재어보세요. 빈 종이에 거리를 적어보고 더하기 빼기를 해서 누가 더 멀리 갔나 내기도 해 보세요.

🐞 플러스 활동

휴지심 탑을 쌓아보자

휴지심만큼 엄마표 활동에 만만한 재료가 없을 거예요. 휴지심을 모아두었다 반으로 잘라서 수 세기 놀이에 활용해 보세요. 높이 쌓아서 탑도 만들어보고 누가누가 빨리 쌓나 게임도 해 보세요. 다 쌓고 나서 쓰러뜨리면 아이의 쌓였던 스트레스도 해소할 수 있답니다.

준비물 휴지심, 가위

40

★ 동글동글 동그라미 세상!

동그라미로 곤충과 나무 만들기 ★

[교과연계] 봄 1–1. 2단원 도란도란 봄 동산 / 수학 1–1. 2단원 여러 가지 모양 / 수학 2–1. 2단원 여러 가지 도형

준비물 ✂

- 휴지심
- 가위
- 플라스틱 병뚜껑
- 꾸미기 눈
- 스테이플러
- 투명테이프
- 양면테이프
- 글루건
- 펜

휴지심은 모아두었다가 만들기 재료로 쓰기 좋은 재활용품 중 하나입니다. 휴지심 위에 그림을 그리기도 하고 물감을 찍어서 그림을 그릴 수도 있어요. 또 잘라서 다양한 만들기로도 활용이 가능하답니다. 휴지심은 원기둥 모양이고 자른 단면은 원 모양이에요. 자연스럽게 도형의 모양을 익힐 수 있겠지요. 집안에 있는 다른 원 모양의 물건들과 함께 만들기를 해 보세요. 동그란 물건들을 이용해서 꽃도 만들고 개미도 만들어서 아이와 봄 풍경 만들기를 해 보세요.

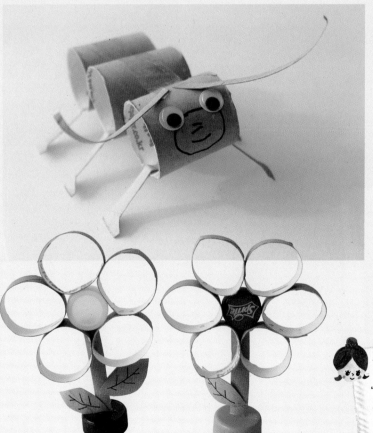

놀이 전 **초등교과 알고 가기**

통합 교과에서 다루고 있는 계절 주제들은 아이들과 산책을 통해서 알아가는 것이 가장 좋아요. 직접 경험한 것들을 바탕으로 교과서에서 다루고 있는 활동들을 더 잘 해나갈 수 있답니다. 봄이 오면 아이와 함께 주변을 관찰해 보세요. 추운 겨울 내 숨어있던 것들이 하나둘씩 눈에 띈답니다. 나무에는 겨울눈이 새 잎을 틔우고 숨어있던 곤충들도 하나둘 모습을 드러내지요. 아이와 집 주변을 산책하다 만난 개미와 같은 곤충을 살펴보고 만들기 활동을 해 보면 어떨까요?

놀이로 쉽게 이끄는 **엄마표 한마디**

"휴지심으로 할 수 있는 놀이가 있을까?"
"휴지심을 자르면 무슨 모양이 나올까?"

함께 놀아보아요~!

곤충은 머리, 가슴, 배로 되어 있고 다리는 가슴에 붙어 있다는 것을 알려주세요.

1

휴지심을 반으로 잘라 테이프로 이어 붙여주세요.

2

꾸미기 눈을 붙이고 얼굴을 그려 주세요.

3

휴지심을 잘라서 다리와 더듬이를 만들어주세요.

만들기를 할 때는 다리를 중심에 붙이면 서 있기 힘들기 때문에 골고루 나누어 붙인다는 것을 설명해주세요.

4

다리와 더듬이를 양면테이프로 붙여주세요.

5

휴지심을 얇게 잘라 스테이플러로 찍어 연결하고 가운데 플라스틱 병뚜껑을 끼워주세요.

6

휴지심을 잘라 줄기와 잎을 만들어 글루건으로 붙여주세요.

7

만든 꽃을 플라스틱 병뚜껑에 글루건으로 붙여주면 휴지심 꽃 완성!

아이가 엄마와 놀이하며 완성한 작품은 한 곳에 전시해 아이가 오고가며 자신이 만든 것들을 살펴보며 놀이의 추억을 되새기게 하면 좋답니다.

휴지심으로 무늬를 만들어볼까?

휴지심을 얇게 잘라 아이와 다양한 무늬를 만들어보세요. 아이만의 무늬도 만들어보고 반복 무늬도 만들어보세요. 아주 쉽게 구할 수 있는 재활용품인 휴지심 하나만으로도 재미있는 놀이를 할 수 있답니다.

🐞 플러스 활동

휴지심을 찍어서 그림을 그려보자

휴지심에 물감을 찍어 그림을 그려 보세요. 어떤 모양을 보고 아이 스스로 무엇인가를 연상해서 그림을 그려보는 활동은 창의력을 키우는 데 좋은 활동입니다. 집 안의 물건들을 물감에 찍어서 다양한 그림을 그려 보세요!

👉 더 많은 휴지심 활동 검색어 : 휴지심으로 만들기

준비물 휴지심, 도화지, 물감, 펜

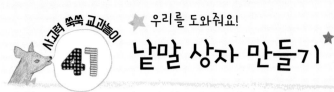

⭐ 우리를 도와줘요!

낱말 상자 만들기 ⭐

[교과연계] 가을 2-2. 1단원 동네 한 바퀴 / 수학 1-1. 2단원 여러 가지 모양

준비물 ✂

- 정육면체 전개도&직업자료
- 마분지(또는 시리얼 상자)
- 색연필
- 가위
- 풀
- 송곳
- 빨대

우리 지역에서 다양한 일을 하고 있는 분들을 뭐라고 부를까요? 영어로는 'Community helper'라고 합니다. 우리말로 하자면 '지역 사회에 도움을 주는 사람'이라고 할 수 있겠지요. 사회에 도움이 되는 일을 하는 직업에는 어떤 것들이 있을까 아이와 생각해 보세요. 경찰, 소방관, 의사 등 우리가 살아가는데 꼭 있어야 하는 분들이 누구인지 알아보고 그분들이 어떤 일을 하는지도 알아보면 좋을 거예요. 정육면체를 조립해서 직업 그림을 붙이고 이름도 적어보세요. 아이와 정육면체를 이리저리 돌려 맞춰 보면서 이웃에 대해 알아보고 이야기를 나눠봅니다. 우리는 이웃을 위해 어떤 일을 할 수 있는지, 어떤 일들을 함께 할 수 있는지도 이야기해 보세요.

놀이 전 초등교과 알고 가기

유치원의 누리과정에 '우리 동네'라는 주제 안에 소주제로 '도움을 주고받는 이웃'이라는 것이 있어요. 이 내용은 가을 교과서 1단원 동네 한 바퀴에서 연결됩니다. 우리 주변에서 만날 수 있는 이웃들에 대해서 알아보고 엄마표 교구를 함께 만들어보세요. 초등 1학년 수학의 여러 가지 모양 단원에 나오는 상자 모양을 활용하여 교구를 만들어보면 더 좋겠지요.

 놀이로 쉽게 이끄는 **엄마표 한마디**

"우리가 사는 지역에서 가장 중요한 일을 하시는 분은 누구일까? 왜 그렇게 생각해?"

"우리 이웃에서 일하시는 분들 그림을 예쁘게 색칠해서 퍼즐로 만들어볼까?"

함께 놀아보아요~!

1 상자 모양 전개도와 직업 색칠 자료를 출력합니다.

☞ 직업 색칠 자료 검색어 :
Community helpers coloring

☞ 전개도 자료 검색어 :
Cube printable template

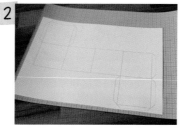

2 마분지에 전개도를 붙인 후 잘라주세요. 같은 방법으로 2개 더 만들어주세요.

3 직업자료를 색칠해주세요. 색칠하면서 어떤 일을 하는 사람인지 아이와 이야기를 나누어보세요.

> 아이와 함께 조립해 완성하고 주변에 비슷하게 생긴 물건을 찾아보세요.

4 색칠한 자료를 2번에서 만든 전개도 한 면의 크기에 맞게 2등분하여 잘라주세요.

5 상자 모양 전개도 3개 중 하나는 윗면, 다른 하나는 아랫면, 나머지 하나는 윗면과 아랫면의 중심을 송곳으로 구멍을 뚫은 후 풀을 붙여 조립해주세요.

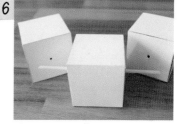

6 빨대 끝을 뾰족하게 자르고 상자 세 개를 끼워주세요.

7 아래 두 개의 상자의 옆면에는 4에서 잘라놓은 자료를 붙입니다.

8 가장 위의 상자에 직업명을 적어주면 직업 퍼즐 완성! 영어를 좋아하는 아이라면 영어로 적어줘도 좋아요.

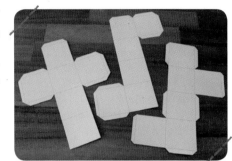
모양이
다
다른데?

정육면체라는 개념은 고학년에 등장합니다. 저학년 때는 상자 모양이라는 친숙한 개념으로 접근하지요. 상자 모양 전개도를 각각 다른 모양으로 출력해서 아이와 맞춰 보세요. 전개도 모양이 다른데도 완성하면 똑같은 모양이 된다는 것을 직접 만들어보며 알아보세요. 상자 모양 말고도 다양한 모양의 다면체들은 어떤 식으로 전개도를 만들어야 하는지도 알아보면 좋아요.

🐞 플러스 활동

사진 속의 사람을 맞춰라!

신문에 있는 사람들의 사진을 오려 그 사람이 무엇을 하는 사람일까 아이와 이야기를 나누어보세요. 잘 모르는 직업은 엄마가 잘 설명해주세요. 세상에는 참 다양한 직업이 있다는 것을 아이에게 알려주세요.

준비물 신문, 가위, 풀, A4용지, 연필

⭐ 이 날은 꼭 기억할 거야!

우리 가족 행사 달력 만들기 ⭐

[교과연계] 여름 1-1. 1단원 우리는 가족입니다 / 수학 2-1. 6단원 곱셈 / 수학 2-2. 4단원 시각과 시간

준비물 ✂

- 하드 막대
  (컬러 큰 것, 나무색 작은 것)
- 양면테이프
- 리본 끈
- 스티커
  (요일&월 스티커/종이나라)
- 펜(흰색 젤리롤펜)
- 도화지
- 가위
- 목공용 풀

5월은 가정의 달입니다. 아이와 함께 우리 가족에 대해서 알아보는 시간을 가져볼까요? 우리 가족의 행사가 적힌 달력을 만들어 우리 가족에게 중요한 날은 언제인지, 아이가 가장 기대하는 날은 무슨 날인지 적어보고 날짜도 알아보세요. 달마다 며칠이 있는지 12달을 더하면 모두 며칠이 되는지 아이와 덧셈도 해 보고 일 년에 대해서 알아보는 것도 좋겠지요. 또, 우리 가족의 생일, 엄마, 아빠의 결혼 기념일 등 중요한 가족 행사들을 알아보면서 가족의 소중함도 함께 느껴보세요.

놀이 전 초등교과 알고 가기

가족을 주제로 다양한 활동들을 할 수 있답니다. 우리 가족을 소개합니다에서 가족 구성원에 대해 알아보았다면 이번엔 가족들의 중요한 기념일을 알 수 있는 가족 행사표를 만들어 가족의 소중함을 느껴보세요.

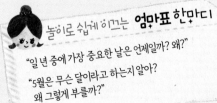

놀이로 쉽게 익히는 **엄마표** 한마디

"일 년 중에 가장 중요한 날은 언제일까? 왜?"
"5월은 무슨 달이라고 하는지 알아?
왜 그렇게 부를까?"

1
컬러 하드 막대 12개를 준비합니다.
아이가 원하는 색깔대로 놓아보세요.
색깔이 없는 막대라면 색을 칠해줘도
좋아요.

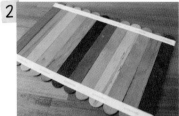

2
하드 막대를 나란히 두고 양 옆에 양
면테이프를 앞뒤로 붙여주세요.

3
양면테이프의 종이를 떼어내고 리본
끈을 붙여주세요.

4
작은 하드 막대를 목공용 풀로 붙여
모양을 꾸며주세요.

5
스티커와 펜으로 우리가족 행사를 적
어주세요. 스티커가 없으면 펜으로
대신하세요.

6
뒷면에는 영어로 적어주세요. 한글과
영어를 함께 배울 수 있어요.

1월은 어떤 중요한
날이 있을까? 2월, 3월 차례대로
알아봐도 좋고 아이가 생각나는 날을
우선 적어줘도 좋아요. 아이가 생각하는
중요한 날, 아빠, 엄마가 생각하는
중요한 날을 서로 이야기하며
표시해주세요.

7
종이 등으로 제목을 꾸며주면 우리집
가족 행사표 완성!

1년은 모두 며칠일까?

가족 행사표에 숫자 스티커를 붙여주세요. 스티커가 없으면 직접 써도 좋아요. 각 월은 며칠씩 있는지 알아보세요. 모두 며칠인지 아이와 더해 보고 1년은 며칠인지도 알 아보세요.

플러스 활동

구구단을 외자

하드 막대를 이용하면 구구단을 공부하기 좋아 요. 막대에 구구단을 적고 숫자가 보이지 않게 컵 속에 넣은 후 아이가 뽑으면서 구구단을 외우는 거죠. 쉬운 2단이나 5단부터 시작해서 점점 어려 운 단으로 도전해 보세요!

준비물: 종이컵, 하드 막대, 숫자 스티커(생략 가능), 네임펜

★ 세계 지도를 만들어볼까?
나라별 국기 지도 만들기 ★

[교과연계] 겨울 2-2. 1단원 두근두근 세계 여행

준비물 ✂

• 펠트지(또는 부직포)
• 우드락
• 양면테이프
• 구슬 시침핀
• 국기 스티커
• 색종이
• 풀
• 가위
• 네임펜

어떤 아이들은 공룡에 관심이 많아 공룡 이름으로 한글을 뗐다고 합니다. 한글 공부를 하기에는 세계 여러 나라의 이름을 알아보는 것도 좋아요. 국기에 관심이 많은 아이라면 한글 공부와 접목시키기도 좋지요. 아이와 비슷한 모양의 국기 찾기, 같은 모양이 들어가 있는 국기 찾기, 같은 색깔로 이루어진 국기 찾기 등 다양한 놀이도 함께 할 수 있답니다. 우드락에 펠트지(부직포)로 세계지도를 그리고 잘라 붙여 국기를 꽂을 수 있는 엄마표 교구를 만들어볼게요. 아이와 국기 맞추기 게임도 하고 나라 이름도 알아보면서 재미있는 놀이를 해 보세요.

놀이 전 초등교과 알고 가기

초등 2학년 겨울 교과서에서는 만들기 활동이나 모둠 활동 등을 통해 세계 여러 나라에 대해서 알아보게 된답니다. 집에서는 아이들과 관련 책을 읽거나 지도나 국기 등을 통해 다른 나라에 대해 조금씩 알아가는 것이 가장 쉽게 세계 여러 나라에 대해 접근할 수 있는 방법이랍니다. 엄마표 교구를 함께 만들며 놀이처럼 재미있게 접근해 보세요.

▶ 같이 읽으면 좋은책 : 우리는 아시아에 살아요 / 웅진 주니어

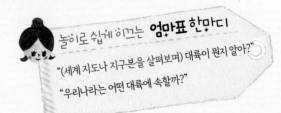

놀이로 쉽게 이끄는 **엄마표 한마디**

"(세계 지도나 지구본을 살펴보며) 대륙이 뭔지 알아?"

"우리나라는 어떤 대륙에 속할까?"

함께 놀아보아요~!

1

아이와 세계지도(또는 지구본)를 살
펴보고 펠트지에 대륙 모양 그림을
그려줍니다. 세계지도 백지도 자료를
잘라 따라 그리면 쉬워요.

2

펠트지를 잘라서 대륙을 준비해주
세요.

아이와 활동할 때
관련 책을 읽고 독후 활동을
하면 좋아요.

3

우드락에 바탕이 되는 펠트지를 붙이
고 목공용 풀을 이용해서 2에서 잘라
둔 지도를 붙여주세요.

4

구슬 시침핀에 색종이를 길게 자른 후
감싸 붙여 깃발처럼 만들어주세요.

5

4의 깃발에 국기 스티커를 붙여주
세요.

6

뒤쪽에는 한글로 나라 이름을 적어주
세요.

7

펠트지에 네임펜으로 대륙 이름을 쓰
고 지도에 붙여주세요.

8

영어를 좋아하는
아이는 나라 이름을 영어로
맞추기 게임을 해도
좋아요.

아이와 국기 꽂기 게임을 하면서 대륙
별로 어떤 나라가 있는지 알아보고 나
라 이름으로 한글 공부도 해 보세요.

국기들을 이용해 분류 놀이를 해 보세요. 별이 그려진 국기, 파란색, 흰색, 빨간색으로 이루어진 국기, 줄무늬로만 이루어진 국기 등으로 구분해 보거나 국기의 모양, 색깔 등에 담긴 의미들에 대해 이야기를 나누어도 좋습니다.

▶ 도움이 되는 동화책 : 온 세상 국기가 펄럭펄럭 / 웅진 주니어

별이 그려진 국기들을 찾아볼까?

🐞 플러스 활동

태극 퍼즐 맞추기

큰 문구사에 가면 다양한 종류의 퍼즐을 팝니다. 그중 종이 원형 퍼즐로 아이들과 태극무늬를 그려서 퍼즐 놀이를 해 볼까요? 아이들과 우리나라 태극기에 대해서도 알아보고 간단히 매직으로 색칠해서 태극무늬도 만들어보세요.

준비물 매직, 종이 원형 퍼즐(큰 문구사 또는 인터넷 문구점에서 구입 가능)

우리나라 지도 만들기

[교과연계] 겨울 1-2. 1단원 여기는 우리나라

준비물 ✂

- 쟁반
- 쿠킹 호일
- 파란색 물감
- 매직
- 목공용 풀

우리나라는 3면이 바다로 둘러싸인 반도 국가입니다. 세계지도를 보고 아이와 함께 우리나라처럼 반도인 국가를 찾아보세요. 다양한 지형의 나라들을 찾아서 알려주고 아이와 함께 우리나라 지도도 만들어볼까요? 주방에서 쓰는 재료들을 가지고 간단히 만들 수 있답니다. 쿠킹 호일을 조물조물해서 아이들과 우리나라 지도를 만들고 물감 물을 부어 눈으로 직접 지형을 알아 볼 수 있는 활동이에요. 물놀이라는 생각에 아이도 아주 즐거워한답니다.

놀이 전 초등교과 알고 가기

과학이나 사회 교과는 다양한 배경지식이 없으면 참 힘든 과목인 것 같아요. 어릴 때부터 부지런히 책을 읽어 사회 교과의 어려운 단어들을 친숙하게 만들어두면 도움이 될 거예요. 어려운 용어지만 꼭 알고 있어야 하는 지형과 관련된 용어들을 간단하지만 눈에 쏙쏙 들어오는 활동을 통해 익혀두세요.

놀이로 쉽게 익히는 엄마표 한마디

"세계지도에서 우리나라가 어디 있나 찾아볼까?"

"우리나라랑 비슷하게 생긴 나라를 찾아보자!"

함께 놀아보아요~!

지도를 보며 섬은 바다로 둘러 쌓여있는 땅이라는 것을 알려주고 우리나라에는 어떤 섬 들이 있는지 지도에서 살펴보고 호일을 뭉쳐 표현해줍니다.

1

쟁반을 호일로 감싸주세요. 여러 겹 튼튼하게 감싸주세요.

2

우리나라 지도를 호일을 뭉쳐서 만들어주세요. 우리나라 지도를 보면서 아이가 직접 만들어볼 수 있도록 해주세요.

3

섬은 호일을 뭉쳐서 만든 뒤 목공용 풀로 붙여주세요.

4

호일을 길게 뭉쳐 목공용 풀로 붙여 산맥을 표현해주고 펜으로 색칠해주세요. 산맥 지도를 보여주며 활동하면 좋아요.

5

파란색 물감을 연하게 물에 풀어 쟁반에 부어주세요.

6

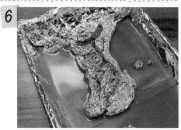

호일로 만든 지도가 반쯤 잠길 정도로 물을 부어주면 한반도 지도 완성!

우리나라는 동쪽이 높고 서쪽이 낮아!

아이와 함께 만든 지도를 살펴보고 우리나라 지형의 특징이 무엇인지 이 야기를 나누어보세요. 3면이 바다로 둘러싸여 있다는 것도 알아보고 산 이 많은 동쪽은 높고 서쪽은 평야가 많아 낮다는 것도 알아보세요. 한 자를 좋아하는 아이라면 '동고서저'라는 단어도 알려주면 좋아요.

플러스 활동

우리나라 지도 퍼즐

인터넷 문구점이나 큰 문구사에 가면 우리나라 백지도를 퍼즐 로 만들어 팔고 있어요. 아이들과 우리나라 지도에 대해 알아 보기에 이만한 놀잇감도 없을 듯싶어요. 매직으로 색칠도 해 보 고 펜으로 방문해 본 도시의 위치도 찾아보며 지도 퍼즐을 완성 해 보세요.

준비물 백지도 퍼즐, 매직, 네임펜

★ 여름을 정리하자!

추억을 담는 사진 액자 만들기

[교과연계] 여름 1-1. 2단원 여름 나라 / 여름 2-1. 2단원 초록이의 여름 여행

준비물 ✂

● 냉장음료 뚜껑
● 하드 막대
● 플라스틱 병뚜껑
● 색골판지
● 아이사진 여러 장
● 목공용 풀
● 글루건
● 가위

방학이 있는 계절이 되면 아이들과 이것저것 체험도 많이 하고 여행도 다녀오게 되지요. 다녀온 곳들을 가장 잘 기억할 수 있는 방법은 바로 사진입니다. 여행 사진을 출력해 아이와 작은 액자를 만들어 전시해 보세요. 함께 사진을 보면서 어디인지, 가서 뭘 했었는지 이야기를 나누는 것만으로도 아이는 즐거웠던 추억을 떠올리며 좋아한답니다. 아이의 사진을 색다르게 정리하고 싶다면 구하기 쉬운 재료로 재미있는 액자를 만들어 전시해 보면 어떨까요?

놀이 전 **초등교과 알고 가기**

계절이 끝날 무렵 아이들과 그 계절에 한 활동들을 정리해 보세요. 통합교과에서도 단원이 끝날 무렵이면 그 단원에서 배웠던 내용들을 책 만들기, 미술 활동 등을 통해 정리한답니다. 아이들과 집에서의 활동을 정리하면서 한 계절을 마무리 해 보세요.

놀이로 쉽게 이끄는 **엄마표 한마디**

"이번 방학에 우리 어디 다녀왔었지?"
"몇 월 며칠이었는지 기억나?"

함께 놀아보아요~!

1 음료 뚜껑 가장자리를 잘라내고 10곳에 가위집을 내주세요. 위험하니 엄마가 해주세요.

2 가위집 낸 곳을 접어 펼쳐주고 모서리를 가위로 잘라내 꽃 모양을 만들어주세요.

3 여름에 찍은 사진들을 작게 출력해 뚜껑 크기에 맞춰 잘라 붙여주세요.

4 하드 막대를 3에서 완성한 액자의 뒷면에 양면테이프를 이용해 붙여주세요.

5 색골판지를 잎사귀 모양으로 잘라 하드 막대에 붙여주세요.

6 글루건을 이용해 플라스틱 병뚜껑에 5에서 만든 꽃을 세워 붙여주세요.

글루건은 뜨거우니 엄마가 해주세요.

몇 월
며칠에
갔었지?

아이와 여행이나 나들이를 다녀온 날을 되새기며 날짜에 대해 이야기해
보세요. 오늘을 기준으로 며칠 전인지, 다녀온 지 얼마나 되었는지 등을
알아보면서 아이가 자연스럽게 시간과 날짜의 개념을 익힐 수 있도록
해주세요.

🐞 플러스 활동

여름 꽃밭 만들기

색종이 접기를 좋아하는 아이라면 다양한 여름
꽃을 접어 박스에 붙여 여름 정원을 꾸며 보세
요. 나팔꽃, 수국, 무궁화 등은 접기도 어렵지 않
아 어린 아이도 도전할 수 있답니다.

👉 여름 꽃 접기 검색어 : **여름 꽃 종이접기**

준비물 안 쓰는 종이 상자, 색종이, 가위, 풀

46 우리 동네 쇼핑센터 꾸미기

[교과연계] 가을 1-2. 1단원 내 이웃 이야기 / 가을 2-2. 1단원 동네 한 바퀴 / 국어 2-1. 4단원 말놀이를 해요

준비물

- 양면 색상지
- 전단지
- 가위
- 풀
- 매직
- 색연필
- 라벨지(생략 가능)

아이들과 마트에 장보러 갈 때 가끔 전단지를 가져와요. 계절마다 하나씩 챙겨두면 아이들과 놀이를 할 때 아주 유용하기 때문이지요. 가게 놀이를 하거나 분류 놀이, 큰 수의 더하기나 빼기 등 다양한 놀이에 이용할 수 있는데요. 아이들과 전단지 속 상품들의 사진을 잘라서 분류해 보고 아이만의 가게도 만들어서 신나게 가게 놀이를 해 보면 어떨까요? 가게 이름이나 물건의 가격은 아이가 정할 수 있게 해주세요. 이날 만큼은 아이가 가게 주인이 되어 보는 거예요. 아이와 사고 싶은 물건을 적어 쇼핑리스트도 작성해 보고 물건 값도 계산해보며 신나게 놀아 보세요.

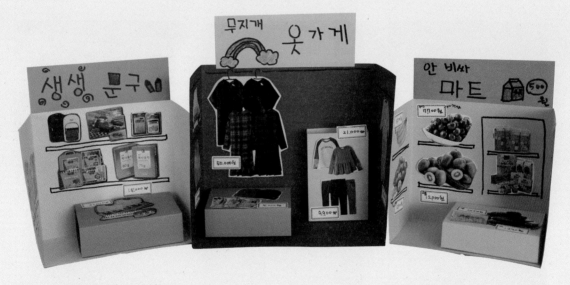

놀이 전 초등교과 알고 가기

가게 놀이는 통합 교과에만 국한되지 않고 다양한 교과에서 활용되는 놀이입니다. 가게 놀이 같은 역할 놀이는 활동 속에서 다양한 상황들이 만들어지기 때문에 연산력과 표현력은 물론 사회성까지 키워줄 수 있어요. 집에서 아이들과 가게 놀이를 하면서 수에 대해 익히고 다양한 상황에서 쓰이는 대화도 알려주세요. 또한, 역할을 주거니 받거니 하면서 사회성도 길러 보세요.

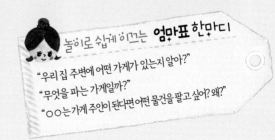

놀이로 쉽게 이끄는 **엄마표 한마디**

"우리 집 주변에 어떤 가게가 있는지 알아?"
"무엇을 파는 가게일까?"
"○○는 가게 주인이 된다면 어떤 물건을 팔고 싶어? 왜?"

함께 놀아보아요~!

아이에게 어떤 가게를 만들고 싶은지 물어 보고 그 가게에서 팔 것들을 잘라 보자고 놀이를 유도합니다.

1

전단지 속 물건들을 잘라주세요.

2

양면 색상지를 4등분해 양쪽만 접고 아래에서 ⅓지점까지 가위로 잘라주세요.

3

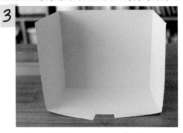

2에서 가위로 자른 부분을 접고 사진처럼 아래로 넣어 풀로 붙여주세요.

4

양면 색상지를 길게 잘라 상자 모양으로 만듭니다.

5

3의 종이 접기에 4에서 만든 상자를 붙여주세요.

6

매직으로 선반 등을 그려주고 전단지에서 자른 물건을 붙이거나 올려놓습니다.

아이와 물건 가격을 얼마로 하면 적당할지 이야기 나누면서 활동하세요.

7

물건의 가격을 라벨지(또는 종이)에 써서 붙여주세요.

8

양면 색상지를 잘라 가게 간판을 만들어 붙여주세요.

나만의 간판을 만들어볼까?

아이와 함께 가게 이름을 지어보고 간판도 꾸며보세요. 왜 그렇게 이름을 붙였는지 이유를 물어보고 색칠도 하고 그림도 그려주세요. 한글을 모르는 아이라면 엄마가 대신 적어주고 같이 꾸며 보세요.

🐞 플러스 활동

빨간색 아이스크림 주세요!

무료로 제공되는 엄마표 자료를 출력해서 가게 놀이로 활용해 보세요. 아이와 색을 익혀보고 싶으면 색깔 자료를, 수를 익혀보고 싶으면 수 자료를 출력해 간단히 가게 놀이를 하며 익혀보세요.

▶ 어린 아이들과 간단히 만들기가 가능한 무료 자료 :
   키즈클럽(www.kizclub.com)

준비물 출력 자료, 가위, 풀

★ 가을을 잡아주는
드림 캐처 만들기

47

[교과연계] 가을 1-2. 2단원 현규의 추석 / 가을 2-2. 2단원 가을아 어디 있니 / 과학 4-1. 3단원 식물의 한살이

준비물 ✂

• 종이접시
• 펀치
• 털실
• 가위
• 비즈 구슬
• 지점토
• 물감
• 니스
• 송곳(이쑤시개)
• 플라스틱 빵 칼

가을이 오면 아이들과 산책을 나갔다가 색색의 낙엽을 보면 하나 둘 모아서 집에 가지고 오곤 해요. 예뻐서 가져온 나뭇잎이지만 금방 말라버려 참 아쉬운데요. 이때 지점토로 나뭇잎 모양 장식을 만들어 보면 어떨까요? 진짜 나뭇잎은 말라 버리지만 아이가 만든 나뭇잎은 잘 말려서 예쁘게 색칠하면 오래도록 보관할 수 있어요. 아이와 종이접시를 이용해서 장식할 수 있는 예쁜 장식품 드림 캐처를 만들어보아요.

놀이 전 초등교과 알고 가기

가을은 식물의 변화되는 모습을 알아보기 가장 좋은 계절입니다. 아이와 계절의 변화를 느끼며 단풍과 관련된 영상을 찾아보세요. 지식백과에 '단풍이 지는 이유'를 검색하면 아이의 눈높이에 맞춘 영상이 있답니다. 아이와 영상을 보고 가을에 대해서 이야기를 나누어보세요.

놀이로 쉽게 이끄는 엄마표 한마디

"가을하면 어떤 색이 떠올라?"

"가을에는 왜 나무들의 색이 변할까?"

함께 놀아보아요~!

1

종이접시의 중간을 잘라내 가장자리 부분만 남겨둡니다.

2

펀치로 접시에 구멍을 5군데 뚫어주세요. 간격을 맞춰 뚫어줍니다.

3

털실을 구멍에 끼워 넣어 별 모양을 만듭니다. 아이와 어떻게 하면 별 모양을 한 번에 만들 수 있는지 알아보세요. 종이에 별 모양을 미리 그려봐도 좋아요.

4

지점토를 납작하게 밀어서 나뭇잎 모양을 그리고 연필로 잎맥을 표현해주세요.

> 송곳이 없으면 이쑤시개로 구멍을 뚫어줍니다.

5

지점토를 나뭇잎 모양으로 자르고 송곳으로 구멍을 뚫어 말려 줍니다.

6

지점토가 마르면 물감을 칠하고 물감이 마른 후 니스를 칠해서 다시 말려주세요.

7

종이접시의 위와 아래에 펀치로 구멍을 뚫고 털실을 끼워 비즈 구슬을 매달아줍니다.

> 완성된 드림 캐처는 걸어서 장식합니다. 날씨가 좋다면 창문틀에 걸어서 바람에 살랑거리도록 전시해줘도 좋아요.

8

끈 아래에 6에서 완성한 지점토 나뭇잎을 달아 주면 가을 드림 캐처 완성!

나뭇잎은 어떻게 물을 먹을까?

아이에게 나무는 뿌리로 물을 빨아들여서 나뭇잎의 잎맥을 통해 물을 전달한다는 것을 알려주세요. 또, 가을이 오면 물을 많이 필요로 하는 나뭇잎을 떨어뜨려 겨울나기를 준비한다는 것도 함께 알려주면 좋겠지요. 나뭇잎을 두고 종이를 올려 색연필로 칠하면 잎맥을 자세히 알 수 있답니다. 아이와 간단히 종이와 펜으로 그려보세요.

🐞 플러스 활동

낙엽 도자기

아이들이 가장 좋아하는 놀이 중 하나가 찰흙 놀이예요. 아이들과 찰흙으로 만들고 싶은 것들을 맘껏 만들고 주워온 가을 나뭇잎을 붙여서 멋진 작품을 완성해 보세요.

준비물 찰흙, 나뭇잎

⭐ 내가 제일 좋아하는 것은?

점토 피자 만들기

[교과연계] 봄 2–1. 1단원 알쏭달쏭 나 / 겨울 2–2. 1단원 두근두근 세계 여행 / 수학 2–1. 2단원 여러 가지 도형

준비물 ✂

● 마분지
(씨리얼 또는 과자 상자)
● 색점토
● 색종이 4장
● 콤파스
● 가위
● 풀
● 펜
● 리본끈
● 색골판지

아이들이 가장 좋아하는 간식 중 하나가 바로 피자가 아닌가 싶어요. 좋아하는 음식을 점토로 만들어보면 어떨까요? 아이들이 좋아하는 음식, 노래, 색깔, 친구, 숫자 등을 적거나 그려보는 거예요. 어린 아이들은 그림으로 표현하고 한글을 안다면 그림에 글자를 덧붙여도 좋겠지요. 이미 서로 무엇을 좋아하는지 싫어하는지 잘 알겠지만, 이렇게 놀이를 통해서 서로에게 좀 더 다가가는 것도 좋은 것 같아요. 아이가 좋아하는 것이 무엇인지, 아빠, 엄마가 좋아하는 것은 무엇인지 이야기를 나눠보면서 서로에 대해 좀 더 자세히 알아 가는 뜻 깊은 시간을 가져 보아요.

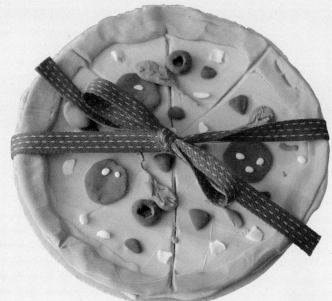

놀이 전 **초등교과 알고 가기**

수학의 도형 영역은 따로 공부하는 것보다 색종이 접기, 블록 쌓기, 가베 등의 활동을 통해 손으로 체득하는 것이 좋아요. 원 도형도 아이와 직접 여러 가지 방법으로 그려 보는 것이 좋습니다. 집 안의 다양한 물건으로 따라 그리기도 해 보고 콤파스 없이 원을 그려보며 도형에 대해 익혀보세요.

놀이로 쉽게 이끄는 **엄마표 한마디**

"○○가 뭘 좋아하는지 놀이하며 알아볼까?"

"엄마가 좋아하는 것들도 같이 알아보자!"

1
색종이로 사각 주머니 접기를 한 후 부채꼴로 잘라주세요.(231쪽 참조)

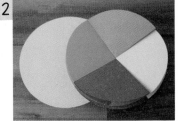

2
마분지 또는 상자 종이를 원 모양으로 2개를 자르고 하나에는 1에서 접은 색종이를 붙여주세요.

3
나머지 한 장의 마분지에는 점토를 얇게 펴서 붙이고 아이와 어떤 피자를 만들지 이야기를 나누면서 점토로 토핑을 만들어 붙여주세요.

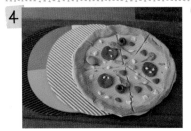

4
색골판지를 원 모양으로 두 개를 잘라주세요.

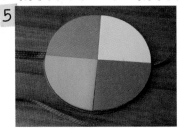

5
맨 아래에 색골판지를 두고 리본 끈을 끼운 뒤 2번에서 만든 책 속을 붙여주세요.

6
책 속을 꾸며 주세요.

> 책 속 내용은 아이와 함께 이야기 나누며 어떤 내용을 채워줄지 결정합니다. "OO가 좋아하는 것들이 뭐가 있나 생각해 보고 적어볼까?" 하고 놀이를 유도해 주세요.

> 골판지를 붙여주면 표지가 좀 더 튼튼해져요.

7
피자 표지 뒤에도 골판지를 붙여주고 6에서 완성한 책 위에 올린 후 리본을 묶어주면 완성!

피자는
어느 나라
음식일까?

아이와 점토로 피자를 만들면서 다른 나라의 음식들을 먹어본 기억을
떠올려 보고 세계 여러 나라의 음식에 대해 이야기를 나누어보세요. 아
이와 피자 책 만들기 활동을 끝내고 엄마표 피자를 만들어 먹어보면 더
좋겠죠?

플러스 활동

동그라미 왕관을 쓰고 왕이 되어보자!

동그라미 하나로 할 수 있는 놀이는 참 많습니다. 일회용 종
이접시를 칼로 잘라서 모자를 만들거나 원 모양 스티커를 붙
여 장식해 왕관을 꾸며보세요. 만든 왕관을 머리에 쓰고 아이
들과 왕이 된 것처럼 재미있는 이야기를 꾸며서 역할 놀이를 해
도 좋아요.

준비물 일회용 종이접시, 가위, 원형 스티커

⭐ 우리 옷 한복은 예뻐요!

49 배씨 머리띠 만들기 ⭐

[교과연계] 가을 1-2. 2단원 현규의 추석 / 겨울 1-2. 1단원 여기는 우리나라

준비물 ✂

- 지끈
- 가위
- 고무줄
- 머리띠
- 글루건
- 비즈 스티커
- 리본 끈(또는 펠트지)
- 양면테이프
- 데코 펠트(생략 가능)
- 띠 골판지

아이들이 초등학교에 가니 한복을 입을 일이 없어 조금은 아쉽다는 생각도 듭니다. 추석이나 설날 같은 명절 말고도 유치원 때는 한복 입을 일이 많아요. 아이들과 한복에 어울리는 머리 장식을 만들어볼까요? 띠 골판지를 돌돌 말아 동그랗게 만들고 보석 스티커를 붙여서 나만의 배씨 머리띠를 만들어보는 거예요. 손으로 돌돌 마는 골판지 공예는 엄마가 도와주면 어린 아이들도 가능한 활동이에요. 띠 골판지는 조금 커서 혼자서도 글루건을 사용할 수 있으면 이것저것 만들기에 좋은 재료예요. 아이들과 띠 골판지를 이용해 배씨 머리띠를 만들며 한복에 대한 이야기도 나누고 우리 명절에 대해서도 알아보세요.

놀이 전 초등교과 알고 가기

계절과 가장 밀접한 관련이 있는 것이 절기와 명절이 아닐까 싶은데요. 각 계절의 절기와 명절을 알아보는 시간을 가져보세요. 아이와 계절에 따른 절기들과 우리 조상들은 어떻게 명절을 보냈는지 알아보세요. 관련 책이 있다면 읽어 보고 활동하면 더욱 좋아요.

▶ 우리 명절과 관련되어 읽으면 좋은 책
  설 : 연이네 설맞이 / 책 읽는 곰
  추석 : 솔이의 추석 이야기 / 길벗어린이

놀이로 쉽게 이끄는 엄마표 한마디

"한복은 언제 입는 거야?"
"이제 곧 추석(설)인데, 추석(설)은 어떤 날이지?"

함께 놀아보아요~!

1 지끈 세 개를 땋아 준 뒤 고무줄로 끝을 고정합니다.

2 안 쓰는 머리띠에 글루건으로 1에서 땋은 지끈을 붙여주세요.

3 띠 골판지를 말아서 동그랗게 만들어 주세요.

> 비즈 스티커가 없으면 다른 꾸미기 재료를 목공용 풀로 붙여 장식합니다.

4 3의 띠 골판지에 비즈 스티커를 붙여서 장식해주세요.

5 4에 데코 펠트 장식을 붙이고 글루건으로 머리띠에 붙여주세요.

6 리본 끈(또는 펠트지)에 양면테이프를 붙여 머리띠 끝부분을 감아줍니다.

> 데코 펠트 장식이 없다면 생략하거나 색종이를 꽃 모양으로 잘라 붙여도 좋아요.

7 아이 머리에 쏙 하고 쓰면 완성!

한복은
언제부터
입었을까?

아이와 만들기 활동을 하면서 한복에 대해서 이야기를 나누어보세요.
옛날 삼국시대에도 지금이랑 똑같은 한복을 입었을까? 질문도 해 보고
관련 책도 찾아보며 우리 옷에 대해서 알아보세요.

▶ 추천 도서 : 박물관에서 조잘조잘 피어난 우리 옷 이야기 / 아이세움

🐞 플러스 활동

한복을 디자인해 볼까?

신문 속 사람들 사진을 잘라 종이에 붙여주세요. 색
종이를 이용해 한복을 만들어 붙이고 스티커 등을 이
용해 재미있게 꾸며보세요. 아이들과 전통의상과 관
련된 독후 활동에 안성맞춤인 놀이랍니다.

준비물 신문, 색종이, 꾸미기 스티커, 가위, 풀

사고력 쑥쑥 교과놀이 **50**

⭐ 고마운 우리 동네, 우리 이웃!

우리 동네 만들기 ⭐

[교과연계] 가을 1-2. 1단원 내 이웃 이야기 / 가을 2-2. 1단원 동네 한 바퀴

준비물 ✂️

- 두꺼운 도화지(또는 마분지)
- 검은색 색상지
- 가위
- 풀
- 펜(매직)
- 색연필(크레파스)
- 수정액

아이와 이웃에 대해서 이야기를 나누어봅니다. 대부분 아파트 생활을 하는 요즘에는 예전과 달리 이웃 간의 정보다는 지켜야 할 예절들이 더 중요해졌어요. 따라서 어릴 때부터의 예절교육이 필요합니다. 집이라는 공간에서도 어떤 행동은 이웃에게 피해를 주기 때문이지요. 아이들과 우리가 사는 동네에서 이웃과 만나게 되는 곳들을 둘러보고 어떤 곳들이 있는지 알아보세요. 우리 일상에 꼭 필요한 공간들에서 일하는 분들이 어떤 일을 하는지, 어떤 도움을 받고 있는지, 또 어떤 도움을 줄 수 있는지도 알아보도록 해요.

놀이 전 **초등교과 알고 가기**

초등 1, 2학년 통합교과에서 다루는 주제들은 3학년부터 6학년까지 사회, 과학 등 다양한 과목 속에서 주제가 확장됩니다. 가을 교과서에서 다뤄지는 이웃 관련 주제는 사회과목에서 좀 더 심도 있게 다루게 되지요. 아이가 어릴 때는 만들기나 그리기 등 손으로 하는 활동을 통해 재미있게 알아보세요.

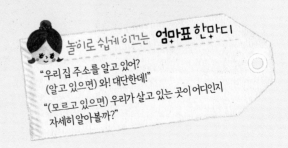

놀이로 쉽게 이끄는 **엄마표 한마디**

"우리집 주소를 알고 있어?
(알고 있으면) 와! 대단한데!"

"(모르고 있으면) 우리가 살고 있는 곳이 어디인지
자세히 알아볼까?"

함께 놀아보아요~!

세로 길이는 다양하게 해주세요.

1

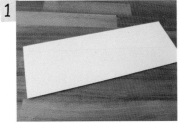

도화지를 가로로 반 접어줍니다.

2

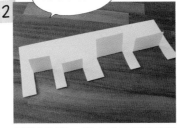

접힌 부분을 그림과 같이 잘라 접어
주세요.

3

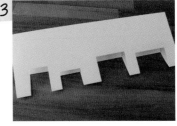

도화지를 펼쳐서 가위로 자른 부분을
안으로 밀어 넣고 눌러 접어줍니다.

아이와 우리집
주변의 건물들에 대해
이야기 나누면서 그림으로
표현해 보세요.

4

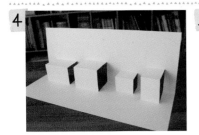

도화지를 펼치면 각각 다른 모양의
사각형들이 생겨요.

5

매직으로 아이가 만들고 싶은 건물들
을 그림으로 그려줍니다. 같은 과정
을 한 번 더 반복하면 이층집도 만들
수 있어요.

6

색연필 등으로 색칠해주세요.

7

검은색 색상지에 수정액으로 선을 그
려 도로를 꾸며줍니다.

8

작은 인형이나 장난감 자동차를 두고
아이와 재미있게 놀아 보세요. 같은
방법으로 여러 개 만들어서 우리 동
네를 완성합니다.

우리 동네에 어떤 건물들이 있는지 알아?

아이와 자주 지나는 길에 어떤 건물들이 있는지 이야기를 나누어보세요. 꼭 필요한 건물들은 무엇인지, 거기에서 어떤 도움을 받고 있는지 등을 이야기하며 우리 동네에 대해서 알아보세요.

플러스 활동

종이 탑을 만들자!

우리 동네 만들기와 같은 방법(만들기 1-5번 과 정 참고)을 여러 번 반복해서 종이를 잘라 접으 면 탑 모양을 만들 수 있어요. 역사를 좋아하는 아이라면 종이를 잘라 접어 다양한 모양의 탑을 만들 수 있고, 여러 개를 모아 책처럼 꾸밀 수도 있답니다.

준비물 종이, 자, 가위

⭐ 우리는 지구촌 친구들!

세계의 다양한 사람들 만들기

[교과연계] 겨울 1-2. 1단원 여기는 우리나라 / 겨울 2-2. 2단원 세계 여행

준비물 ✂

- 요구르트 통
- 스티로폼 공(4cm)
- 목공용 풀
- 물감
- 매직
- 점토

인형 같은 놀잇감은 아이들과 역할 놀이하기 좋아서 만들어 두면 쓰임새가 많답니다. 아이와 함께 다양한 나라의 친구들을 점토로 만들어보고 서로 소개도 해 보면서 그 나라에 대해서 알아보는 시간을 가져 볼게요. 점토는 만지면 촉감이 부드럽고 좋아서 아이들이 선호하는 미술 재료이지만 양에 비해 가격이 비싸요. 하지만 이번 놀이는 요구르트 통에 점토가 붙이는 거라 점토가 많이 들지 않아서 부담 없이 활동할 수 있어요. 아이와 세계 여러 나라의 의상을 알아보고 비슷하게 점토로 만들어보면 어떨까요? 하나둘 만들다 보면 어느 새 세계 곳곳의 친구들을 만날 수 있답니다.

놀이 전 초등교과 알고 가기

초등 1-2학년 통합 교과에서는 하나의 주제에 여러 소주제를 가지고 다양한 활동을 하게 됩니다. 그런 활동들의 대부분이 미술 활동인데요. 아이들이 미술로 표현하는 것에 부담을 갖지 않고 자신 있게 활동하기 위해서는 평소에 조금씩이라도 다양한 방법의 미술 놀이들을 해 보는 것이 좋아요.

놀이로 쉽게 이끄는 엄마표 한마디

"(요구르트 통과 스티로폼 공을 보여주며) 이거 두 개로 할 수 있는 놀이가 뭐가 있을까?"
"지구촌이라는 말 들어 봤어?"

함께 놀아보아요~!

어떤 나라 사람을 만들어보고 싶은지 이야기 나누면서 얼굴을 표현할 수 있도록 도와주세요.

1

목공용 풀로 요구르트 통에 스티로폼 공을 붙여주세요.

2

살구색 물감으로 얼굴 부분과 목 부분을 칠해주세요.

3

매직을 이용해서 사람들의 얼굴과 머리 경계선을 그려 줍니다.

4

매직으로 머리를 색칠해주고 점토를 넓게 펼쳐 요구르트 통이 보이지 않게 해줍니다.

아이가 만들고 싶은 나라의 전통 옷을 검색하거나 사진 자료(관련 동화책)를 보여주며 어떤 식으로 만들어야 할지 이야기를 나누며 활동하세요.

5

점토를 뭉쳐서 팔도 붙여주고 얇게 말아서 동정도 붙여주세요.

아이가 만들고 싶어하는 나라의 전통 의상에 맞춰 변형해서 활동해주세요.

6

점토를 얇게 말아 저고리 고름 등을 꾸며주면 인형 완성!

어험!
이리
오너라~

아이들이 우리나라 역사에 관심이 많다면 한복을 입은 다양한 사람들을 만들어보아도 좋아요. 임금님, 사또 등 완벽하진 않아도 비슷하게 만들어 옛날이야기를 만들어 놀아보세요. 역할 놀이를 통해 우리의 역사도 알아볼 수 있어요!

플러스 활동

신문으로 세계 여행을 떠나요!

신문으로 고깔모자를 접고 끝 부분을 약간 접어 올리면 네덜란드 전통모자와 비슷하게 만들 수 있답니다. 신문 또는 다른 재료로 여러 나라의 전통 모자를 만들어 아이들과 함께 놀이를 해 보세요.

준비물 신문

⭐ 손바닥을 서로 맞대어 볼까?

손바닥 책 만들기

[교과연계] 봄 2-1. 1단원 알쏭달쏭 나 / 수학 1-1. 4단원 비교하기

준비물 ✂

• 양면 색상지
• 도화지
• 펠트지(또는 부직포)
• 양면테이프
• 가위
• 매직
• 네임펜
• 연필

아이가 얼마나 컸나 손바닥을 대어보며 비교해 본 적 있으실 거예요. 아이의 손바닥을 따라 그려 아이만의 '한 뼘 자'를 만들어보세요. 아이의 작은 손바닥을 그려 만든 자를 이용해서 우리 집 물건들의 길이를 재 보세요. 다른 가족의 한 뼘 자도 만들어 비교해 보세요. 아이와 재미있게 길이 재기도 해 보고 손 모양으로 책을 오려 접어 우리 몸에 대해서 알아본 후 책 속을 채워 보세요. 그림을 그려도 좋고 아이와 이야기 나눈 것을 정리해서 적어도 좋아요.

놀이 전 초등교과 알고 가기

2학년 봄 교과에서는 '나'를 주제로 다양한 활동을 하게 됩니다. 우리 몸이 하는 일도 살펴보고 위생에 대해서도 알아보게 되지요. 오감활동 또한 포함됩니다. 아이의 몸에 대해서 알아보고 오감이 무엇이고 우리가 느낄 수 있는 감각에는 어떤 것들이 있는지 알아보세요.

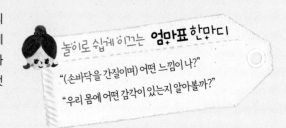

놀이로 쉽게 이끄는 **엄마표 한마디**

"(손바닥을 간질이며) 어떤 느낌이 나?"

"우리 몸에 어떤 감각이 있는지 알아볼까?"

함께 놀아보아요~!

1

도화지에 아이의 손을 올리고 연필로 따라 그려 손 모양을 만들어주세요.

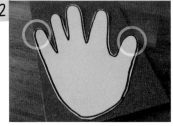

2

양면 색상지를 아코디언 접기 하고 1에서 그린 손 모양대로 잘라주세요. 종이가 이어질 수 있도록 접혀 있는 쪽은 제외하고 잘라주세요.

3

2에서 자른 양면 색상지를 펼쳐서 책 속을 채워 줍니다.

4

펠트지를 벙어리장갑 모양으로 4개를 잘라주세요.

5

양면테이프를 붙여주세요.

손이 들어갈 수 있도록 아랫 부분은 붙이지 않아요.

6

펠트지를 두 장씩 붙여 한 쌍의 장갑을 준비합니다.

아이의 손도 들어가는 장갑 같은 책이라서 만들고 난 후 장갑처럼 손을 넣고 놀이를 할 수 도 있고 보들보들 펠트지의 촉감을 느낄 수 있는 촉감북도 된답니다.

7

6에서 만든 펠트지 장갑에 양면테이프로 3에서 완성한 책 속을 붙여주세요.

8

아이의 손이 쏙 들어가는 책 완성!

혹시
'오감'이라고
알아?

아이들과 다섯 가지 감각에 대해서 알아보세요. 영어를 좋아하는 아이라면 '5 Senses'라고 해서 영어로 알아봐도 좋아요. 아이와 과자 같은 간식거리를 가지고 직접 만지고 냄새 맡고 맛도 보며 알아보세요.

🐞 플러스 활동

오빠 손이 더 크네!

아이의 손과 다른 가족의 손 크기를 비교해 보세요. 아이의 손을 그린 도화지를 하드 막대에 붙여 손바닥 막대를 만들어주세요. 손바닥 막대를 뻗어 평소 아이 손이 닿지 않는 높은 곳에 위치한 것들을 건드려보거나 다른 가족의 손바닥 막대와 부딪쳐 박수를 치며 다양한 놀이를 해 보세요. 또, 한 뼘의 의미를 알아보고 아이의 한 뼘과 다른 가족들의 한 뼘을 비교해보세요.

준비물 도화지, 펜, 가위, 하드 막대, 양면테이프

한눈에 살펴보는 교과 연계&엄마표 놀이

교과 연계	엄마표 놀이	페이지
봄 1-1. 1단원 학교에 가면	신문으로 자기 소개 포스터 만들기	113
봄 1-1. 2단원 도란도란 봄 동산	알록달록 봄 세상 알아보기	020
	보슬보슬 봄비 그리기	089
	꽃다발 만들기	104
	색의 번짐으로 예쁜 꽃 만들기	131
	색깔 애벌레 숫자 놀이	134
	개나리 꽃꽂이 만들기	158
	소풍가방 만들기	203
	동그라미로 곤충과 나무 만들기	245
봄 2-1. 1단원 알쏭달쏭 나	다양한 표정 놀이	044
	나와 똑같은 과자 인형 놀이	056
	팝아트 그림 그리기	110
	신문으로 자기 소개 포스터 만들기	113
	휴지심으로 캐릭터 인형 만들기	137
	네 모습을 보여줘	215
	꿈을 실은 열기구 만들기	233
	점토 피자 만들기	269
	손바닥 책 만들기	281
봄 2-1. 2단원 봄이 오면	알록달록 봄 세상 알아보기	020
	보슬보슬 봄비 그리기	089
	꽃다발 만들기	104
여름 1-1. 1단원 우리는 가족입니다	우리 가족 액자 만들기	146
	카네이션 액자 만들기	161
	칭찬 카드 만들기	200
	우리 가족 행사 달력 만들기	251
여름 1-1. 2단원 여름 나라	얼음 물감 놀이	038
	알이 꽉 찬 옥수수 만들기	071
	견우와 직녀 이야기 꾸미기	122
	동물 표본 만들기	152
	여름 구름 만들기	155

자신만만 초등생활을 위한
엄마표 초등통합 교과놀이

발행일 초판 1쇄 2018년 9월 30일
　　　　초판 2쇄 2019년 8월 20일

지은이 류지원
펴낸이 정용수

사업총괄 장충상 **본부장** 홍서진 **기획** 블루기획
책임편집 김정미 **디자인·편집** 이성희
영업·마케팅 윤석오 장경환 이기환 정경민
제작 김동명
관리 윤지연

펴낸곳 ㈜예문아카이브
출판등록 2016년 8월 8일 제2016-000240호
주소 서울시 마포구 동교로18길 10 2층(서교동 465-4)
문의전화 02-2038-3372 **주문전화** 031-955-0550 **팩스** 031-955-0660
이메일 archive.rights@gmail.com **홈페이지** yeamoonsa.com
블로그 blog.naver.com/yeamoonsa3 **페이스북** facebook.com/yeamoonsa

㈜예문아카이브는 도서출판 예문사의 단행본 전문 출판 자회사입니다. 널리 이롭고 가치 있는 지식을 기록하겠습니다.
이 책 내용의 전부 또는 일부를 이용하려면 반드시 저작권자와 ㈜예문아카이브의 서면 동의를 받아야 합니다.
이 책의 국립중앙도서관 출판예정도서목록(CIP)는 서지정보유통지원시스템 홈페이지(seoji.nl.go.kr)와 국가자료공동목록
시스템(nl.go.kr/kolisnet)에서 이용하실 수 있습니다(CIP제어번호 CIP2018028825).

*책값은 뒤표지에 있습니다. 잘못 만들어진 책은 구입하신 곳에서 바꿔드립니다.

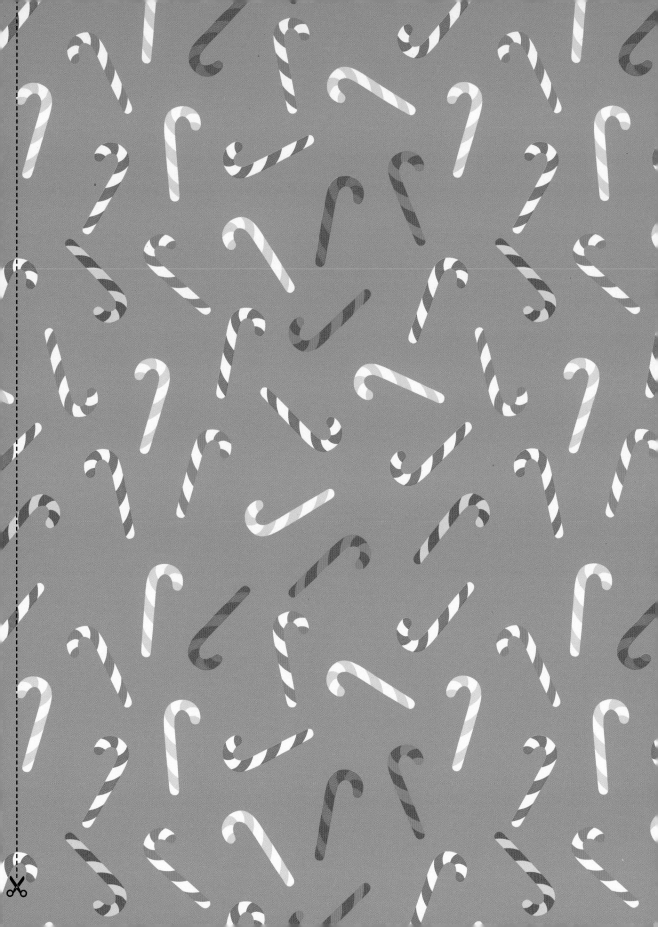

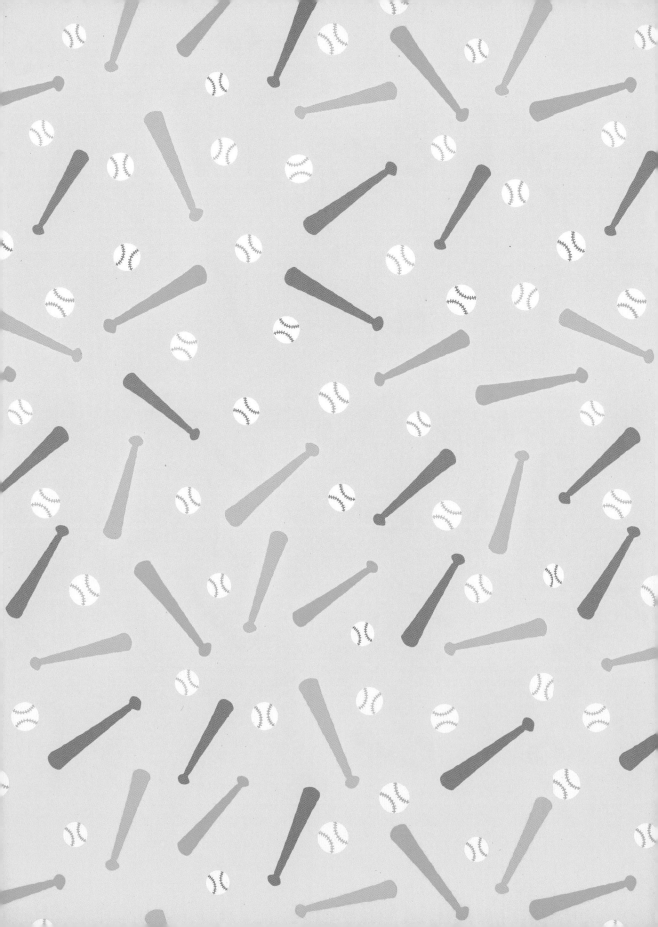

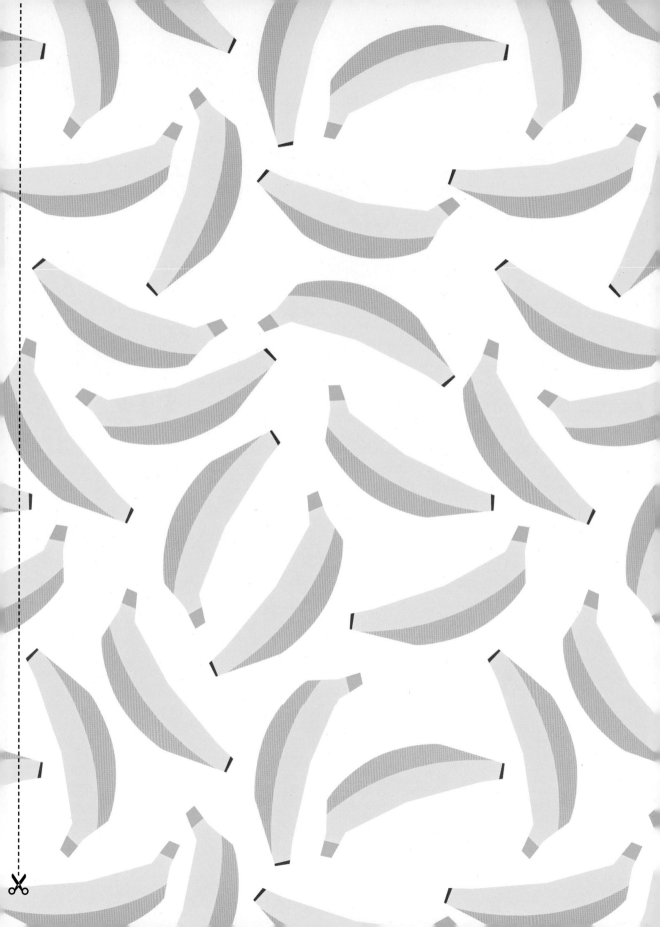